Die Blitzgefahr.

Nr. 2.

Einfluß

der

Gas- und Wasserleitungen auf die Blitzgefahr.

Herausgegeben

im

Auftrage des Elektrotechnischen Vereins

von

Friedrich Neesen.

Berlin.　　　1891.　　　München.

Julius Springer.　　　R. Oldenbourg.

Vorwort.

Das vorliegende Heft bildet die zweite Nummer der vor fünf Jahren unter dem Titel „die Blitzgefahr" von dem elektrotechnischen Vereine zu Berlin begonnenen Veröffentlichung.

An die damals gegebenen allgemeinen Mitteilungen und Ratschläge schließt sich diesmal die eingehende statistische Behandlung eines besonders wichtigen und in neuerer Zeit vielfach erörterten und umstrittenen Punktes an — die Frage nach dem Anschlusse der Blitzableiter an die Rohrleitungen für Gas und Wasser.

Der von dem Elektrotechnischen Verein eingesetzte Unterausschuß für Untersuchungen über die Blitzgefahr bestehend z. Z. aus den Herren

Aron, von Bezold, Brix, Hellmann, von Helmholtz, Holtz, Karsten, Kundt, Neesen, Paalzow, Reimann, Werner von Siemens, Stude, Toepler und Leonhard Weber

hat wiederholt entschiedene Stellung dahin genommen, daß dieser Anschluß der Blitzableiter an die Gas- und Wasserleitungen eine unbedingte Nothwendigkeit ist. In dem auf den folgenden Blättern enthaltenen Material kann er nur einen neuen Beweis für die Richtigkeit dieses Standpunktes finden.

Die Frage, ob die Gas= und Wasserleitungsrohre an eine vor=
handene Blitzableiteranlage anzuschließen sind, hat in der neueren
Zeit die betheiligten Kreise vielfach beschäftigt, vornehmlich wegen
des Widerstandes, welchen die Mehrzahl der Leiter von Gas= und
Wasserwerken den Wünschen nach einem grundsätzlichen Anschluß ent=
gegensetzen. Wegen der hohen Bedeutung dieser Frage und der an=
scheinenden Unmöglichkeit, auf dem Wege der Berathung mit den
Gas= und Wasserfachmännern weiter zu kommen, schien es dem
Unterausschuß des elektrotechnischen Vereins zu Berlin für Blitzge=
fahr rathsam, das vorhandene statistische Material im Besonderen
in Bezug auf diese Frage zu ordnen und möglichst zu vermehren.
Es erging zu dem Zwecke zunächst ein Aufruf in den deutschen
Zeitungen, in welchem um Einsendung von Nachrichten gebeten wurde
über Blitzschläge, bei welchen Gas= und Wasserleitung betheiligt waren.
Auf diesen Aufruf sind von vielen Seiten höchst dankenswerthe,
interessante Mittheilungen eingegangen.

Die folgenden Tabellen enthalten die Zusammenstellung dieses
neuen Materials mit den aus früheren Veröffentlichungen heraus=
gesuchten Fällen, in welchen Gas= und Wasserleitung betheiligt waren,
und zwar nach folgenden Gesichtspunkten geordnet.

Tabelle I, II, III enthalten solche Blitzschläge, bei welchen
direkt Gas= und Wasserleitungen eine Rolle spielen:

In Tabelle I sind hiervon diejenigen Schläge eingezeichnet, bei
welchen die getroffenen Gebäude nicht mit Blitzableiter versehen
waren.

In Tabelle II diejenigen, bei welchen die getroffenen Gebäude
Blitzableiter hatten, die aber nicht an Gas= oder Wasserleitungen
angeschlossen waren.

In Tabelle III diejenigen, bei welchen die getroffenen Gebäude Blitzableiter trugen, die an die Gas= oder Wasserleitungsrohre ange= schlossen waren.

Tabelle IV enthält Blitzschläge, bei welchen ähnliche Verhält= nisse wie die durch das Vorhandensein von Gas= und Wasserleitungs= rohren bedingten vorhanden waren, es sind hier aber nur sehr kenn= zeichnende Fälle aufgenommen.

Tabelle V enthält sonstige Blitzschläge, welche durch das auf den gedachten Aufruf eingegangene Material bekannt geworden sind.

Die Bedeutung der einzelnen Spalten ist an dem Kopfe der= selben vorgedruckt.

In der letzten Spalte ist außer dem Namen des Beobachters oder Einsenders der Ort angeführt, wo sich der betreffende Blitz= schlag beschrieben oder angeführt findet.

Die Bedeutung der hier gebrauchten Abkürzungen ist folgende:

1. Akt. bedeutet die bei dem Unterausschuß eingegangenen Mitthei= lungen; die beistehende Zahl giebt die Blattnummer in dem be= treffenden Aktenheft an.
2. Akt. II bedeutet das zweite Heft der Hauptakten des Unteraus= schusses.
3. Bull. S. Belge Electr. = Bulletin de la Société Belge d'Elec= triciens. Brüssel.
4. Centralbl. Bauv. = Centralblatt der Bauverwaltung.
5. Dingler J. = Dingler's polytechnisches Journal.
6. Dtsch. Bauz. = Deutsche Bauzeitung.
7. Elektrot. Z. S. = Elektrotechnische Zeitschrift.
8. Freyberg Vo. = Vortrag des Stadtrathes Teucher an den Magistrat von Dresden, betreffend den Anschluß der Blitzab= leitungen an Gas= und Wasserleitungen, hauptsächlich fußend auf Auseinandersetzungen von Dr. Freyberg.
9. Hamb. Corresp. = Hamburger Correspondent.
10. Häpke = Merkwürdige Blitzschläge von Dr. L. Häpke, Verhand= lungen des naturwissenschaftlichen Vereins zu Bremen. Band XI.
11. Holz Blitzabl. = Ueber die Theorie, die Anlage und die Prü= fung der Blitzableiter von Dr. W. Holz. Greifswald 1878.
12. Kgl. sächs. techn. Dep. = Gemeinfaßliche Belehrung über die zweckmäßige Anlegung von Blitzableitern. Herausgegeben von der Königl. sächsischen technischen Deputation. Dresden 1884.

13. Meidinger G. = Geschichte des Blitzableiters von Dr. H. Meidinger. Karlsruhe 1888.

14. Melsens Par. = Paratonnerres. Notes et Commentaires par M. Melsens. Bruxelles. Hayez 1887.

15. Rep. light. r. conf. = Report Lightning rod conference With a Code of Rules for the Erection of Lightning Conductors and various Appendices. Edited by the secretary G. S. Symons. London, New York 1882.

16. Schilling J. = Schilling's Journal für Gasbeleuchtung und Wasserversorgung.

17. Weber Ber. = Berichte über Blitzschläge in der Provinz Schleswig-Holstein von Dr. Leonhard Weber. Kiel Universitäts-Buchhandlung.

Ausführlichere Darstellungen der einzelnen Fälle folgen den Tabellen und zwar für solche Blitzschläge, die noch nicht veröffentlicht sind oder die in weniger zugänglichen Stellen ihre Veröffentlichung gefunden haben und deren ausführlichere Darstellung ein besonderes Interesse bietet.

Tabelle I.

Blitzschläge, bei welchen Gas- und Wasserleitung getroffen sind, aber keine Blitzableiter vorhanden waren.

Nr.	Zeit	Ort	Weg des Blitzschlages	Schaden	Beobachter und Ort der Veröffentlichung
1.	2.	3.	4.	5.	6.
1	14.8.1857	Gasanstalt, London.	Von einem eisernen Ständer des Gas-behälters zu letzterem.	Brand.	Symons, Rep.light.r.conf. (43).
2	5.6.1858	Walthampton, Kirche.	Von der Fahnenstange zur Regenrinne und dann zur Gasleitung.	Mechanisch.	ibidem (44).
3	8.4.1860	Paris, Haus der Rue de la Pépinière.	Zur bleiernen Gasleitung.	Zerstörung der Leitung, Zündung.	Meidinger S. 111.
4	18.3.1862	Hanau, Marienkirche.	Ueber Klingelzugdraht zur mit Kaut-schuk gedichteten Gasleitung.	Zerstörung der Dichtungsringe.	Schilling Z., 1888, S. 634.
5	8.4.1866	Paris, Haus auf dem Boulevard Montpernars.	Wie bei 3.	Wie bei 3.	Meidinger S. 111.
6	23.8.1868	Einbeck, Zuckerfabrik.	Vom Bleiauflaß des Schornsteins durch Mauer zur Gasleitung.	Mechanisch.	Ehrenstein, Akt. 13.
7	1868	Neusalz a. O.	Zur Gasleitung.	Zündung.	Schilling Z., 1888. 693.
8	10.6.1872	Danzig, Gymnasium.	Von getroffenen Eckthurme an Zimmer-decke entlang zur Gasleitung.	Mechanisch.	ibidem 691.
9	Sommer 1872	Breslau, St. Matthias-Gymn.	Von Wetterfahne ausgehend durch Mauer zur Gasleitung.	Mechanisch.	Wetzel, Akt. 9.

10	1872	Lewistown.	Einschlag in Zinkaufsatz des Schornsteins nach Gaslampe, von dort längs Gasleitung zum anderen Ende des Hauses und dann durch Fenster zur Regenrinne.	Mechanisch.	T. Haaher Lewis, Rep. light. r. conf. (37).
11	1872	Chemnitz, Moritzstr.	Zum bleiernen Wasserleitungsrohr.	Mechanisch, Schmelzung.	Kgl. sächs. techn. Dep. 58.
12	1. 8. 1873	Dresden, Eisenstr. 12.	Durch Schornstein zum Kochheerd, dann an Decke entlang zur Gasleitung.	Mechanisch.	Opelt, Akt. 46.
13	1876	Dorf, Gerichtshaus.	In Laterne am Haus.	Zündung.	J. Edmund Clark, Rep. light. r. conf. (219 und 226).
14	1879	Halle a. S., Alte Promenade 16a.	Zur Wasserleitung, von dort zur Gasleitung.	Brandspuren.	C. Mulert, Akt. 32.
15	1879	Kiel, Logenhaus.	Vom Dachstuhl zur Wasserrinne und dann zur Gasleitung.	Spuren.	Elektrot. Z. S., 1888, S. 284.
16	5. 9. 1880	Altona, Theater.	Durch Dach nach der Gasleitung.	Brand.	Dtsch. Bauzeitg. 1880, Nr. 78.
17	12. 6. 1880	Kellinghusen, Apotheke Behrmann.	Vom Dach in's Wasserleitungsreservoir.	Mechanisch, Schmelzung.	Weber, Ber. II 1886, S. 14.
18	13. 7. 1880	Ottensen, Kreis Altona.	Vom Schornstein an Gypsdecken entlang zur Wasserleitung.	Mechanisch.	Weber, Ber. II, S. 33.
19	13. 7. 1880	Chadderton, Mühle.	Von eiserner Dachrinne auf Gasleitung.	Mechanisch, Zündung.	Rep. light. r. conf. (239).
20	15. 4. 1880	Ottensen.	Wie unter 18.	Mechanisch,	Weber, Ber. II 1886, S. 7.
21	5. 7. 1881	Chadderton, Mühle.	Wie unter 19.	wie unter 19.	Rep. light. r. conf. (239).

Nr.	Zeit	Ort	Weg des Blitzschlages	Schaden	Beobachter und Ort der Veröffentlichung
1.	2.	3.	4.	5.	6.
22	Juli 1883	Zeitz, Haus.	Vom Dach längs Dachrinnen zur Wasserleitung.	Schmelzung, Austreiben von Dichtungsringen.	Härtling, Akt. 40.
23	6. 6. 1884	Barmen, Haus.	Vom Dach längs Decke und Wände zur bleiernen Gasleitung.	Mechanisch, Zündung.	Centralbl. f. Bauv. 1884, S. 327.
24—35	1884	Hamburg.	11 Fälle zur Gas- oder Wasserleitung.	Verschieden.	Boller, Elektrot. Z. S. 1888, S. 475 Akt. 34.
36	14. 5. 1885	Dresden, Görlitzerstr.	Längs Decke zur Gasleitung.	Mechanisch.	Freyberg, Bo. 26, Akt. 19.
37	1885	Neuhaldersleben bei Magdeburg.	Durch Fenster zur Wasserleitung (Feuerkugel).	Keiner.	Dr. Bernial, Akt. 8.
38	1885	Berlin, 167. Gemeindeschule.	Vom Dachrinne in Gasleitung.	Mechanisch, Schmelzung.	Ulfert, Akt. 24.
39	1885	Frankfurt a. O., Reformirte Kirche.	Vom Thurm zur Gasleitung.	Mechanisch.	Ulfert, Akt. 26.
40	1886	München, Haus Lindwurmstr. 163.	Von einem Giebelthurm auf Gascandelaber und Gasrohr.	Mechanisch.	Schilling Z., 1888, S. 609.
41	3. 6. 1886	Dresden, Kohlenbahnhof.	In Gascandelaber.	Zertrümmert.	Freyberg, Bo. 19, Akt. 19.
42—43	2. u. 3. Mai 1887	Frankfurt a. M.	In Gasleitung.	Erlöschen der Straßenflammen.	Schilling Z., 1888, S. 692.

44	25. 4. 1888	Torgau, Pappelbaum.	Vom Baum zu der entfernteren von zwei benachbarten Wasserleitungshauptröhren.	Mechanisch, Wasserschaden.	Freyberg, Schilling Z., 1888, S. 797.
45	Sommer 1888	Plauen, Trockenthalstr. 9.	Leuchtende Kugel aus Wasserleitung.	Keiner.	Lorenz, Akt. 17.
46	dto.	Malstatt-Burbach.	Vom Schornstein zur Gas- und Wasserleitung.	Schmelzung.	Fraabe, Akt. 16.
47	1888	Gilbeck, Haus.	Lichterscheinung an Gas- und Wasserleitung.	Keiner.	Elektrot. Z. S., 1888, S. 179.
48	11. 9. 1888	Hamburg, 9. Polizeiwache.	Durch's Dach zu eisernen Trägern und Wasserleitung.	Mechanisch, Betäubung von Arbeitern.	ibidem.
49	14. 5. 1889	Arnsberg, Haus.	Von einem Baume auf benachbartes Haus, durch Mauer zur Wasserleitung.	Mechanisch, Schmelzung.	Henze, Akt. II, 128a.
50	4. 6. 1889	Kattowitz, Fabrik.	Durch Fensterscheibe zur Wasserleitung.	Mechanisch.	Gerbes, Akt. 3.
51	9. 6. 1889	Harvestehude, Grindelberg 8.	Längs Regenrohr zur Wasserleitung.	Mechanisch.	Voller, Akt. 33.
52	23. 6. 1889	Trier, Bahnhof.	Vom Schornstein längs Abfallrohr in Wasserleitung.	Mechanisch.	Eisenbahnbetriebsamt Köln, Akt. 29.
53	2. 8. 1889	Malstatt-Burbach, Haus.	Vom Schornstein durch Heu auf dem Boden, längs Dachrinne, Spülstein zur Wasserleitung.	Mechanisch, Zündung.	Fraabe, Akt. 16.
54	8. 4. 1890	Louvain, Hôtel de ville.	Bei einem Blitzschlag in das Rathhaus wurden in der Nachbarschaft Blitzentladungen an Klingelzügen, Telephonleitungen und in einem mehrere 100 m entfernten Hause zwischen Gasrohr und eisernem Balken wahrgenommen.	Mechanisch.	Courtoy, Professor, Bull. S. Belge Electr. 1890 VII, S. 248.

Nr.	Zeit	Ort	Weg des Blitzschlages	Schaden	Beobachter und Ort der Veröffentlichung.
1.	2.	3.	4.	5.	6.
55	1890	Straupitz b. Hirschberg i. Schl., Papierfabrik.	Durch Ventilationsrohr zur Wasserleitung.	Keiner.	Ulfert, Akt. 44.
56	?	Bayreuth.	Gaslaterne getroffen.	Mechanisch.	Schilling J., 1888, S. 692.
57	?	Kaiserslautern.	Gasrohr getroffen.	Schmelzung.	ibidem.
58	?	Innsbruck.	Ebenso.	Ebenso.	ibidem.
59	?	Heilsberg, Ostpreußen, St. Josephstift.	Von einem Thurm zu der nach einem Brunnen führenden Wasserleitung, deren unterirdischer Theil von Holz war.	Mechanisch.	Ulfert, Akt. 41.
60	?	ibidem.	Derselbe Weg, nur ein anderer Thurm getroffen.	Ebenso.	ibidem.
61	?	Dresden, Bergkeller.	Durch Küchendecke zur Metallleitung, welche zur Druckpumpe führte.	Mechanisch.	Opelt, Polizeilieuten. a. D., Akt. 46.
62	?	?	Vom Schornstein zum Feuerrohr, dann zum Theil zur Gaslampe.	Mechanisch.	Wyatt Papworth, Rep. light. r. conf. (39).
63	?	Northampton, St. Sepulchre-Kirche.	Von der Wetterfahne am Thurm entlang zur Uhr und dann in die Gasleitung.	?	E. J. Law, Rep. light. r. conf. (37).

Tabelle II.
Aufsprung der Blitzentladung vom Blitzableiter.

Nr.	Zeit	Ort	Weg des Blitzschlages	Schaden	Beobachter und Ort der Veröffentlichung	War Blitzableiter in Ordnung?
1.	2.	3.	4.	5.	6.	7.
1	1809	Schloß Seefeld.	Vom Ableiter auf das Wasserrohr.	?		?
2	1849	Basel, Haus.	Vom Ableiter auf ein 1 m entferntes Wasserrohr in der Straße.	Zerstörung der Dichtungen v. Beß u. Hanf auf 1 km weit.	Meidinger, G. S. 123.	?
3	1860	Freiburg, Telegraphenbureau.	Vom Telegraphendraht in Gasleitung.	Brand.	ibidem S. 213.	
4	19. 3. 1861	München, 2 Häuser, Kaufingerstr.	Zum Gasrohr am Straßencandelaber.	Mechanisch. Zerreißen der Röhre.	Schilling Z., 1861, S.150 u.1888, S.634.	?
5	1861	München, Frauenkirche.	Vom Ableiter auf Hauptgasrohr und 2 bleierne Gasleitungsröhre.	Mechanisch.	Schilling Z., 1888, S. 634.	?
6	1861	Oldham, Fabrik.	Absprung nach Gasrohr des benachbarten Hauses auf 5 m.	Zündung.	Meidinger, G., S. 179.	
7	8. 4. 1862	Freiburg i. Br., Münster.	Vom Ende des Blitzableiters zur Gasleitung.	20 Bleiverbindungen gelöst.	ibidem.	Ja.
8	1863	Kessel Moor, Pauls-kirche.	Absprung 5' über Erdoberfläche durch 4' dicke Mauer nach Gasrohr.	Mechanisch.	ibidem.	?
9	1865	Freiburg i. Br., Telegraphenbureau.	Wie bei 3.	Schmelzung des Gasrohres.	ibidem S. 213.	?

Nr.	Zeit	Ort	Weg des Blitzschlages.	Schaden	Beobachter und Ort der Veröffentlichung.	War Blitzableiter in Ordnung?
1.	2.	3.	4.	5.	6.	7.
10	1870	Nottingham, Aller-Heiligen-Kirche.	Wie bei 8.	Mechanisch, Explosion.	G. L. Hine, Rep. light. r. conf. (37).	Nein, Erdcontact nicht in Ordnung.
11	2. 11. 1871	Matri, Kirche.	Vom Fuß des Blitzableiters zur gußeisernen Wasserleitung.	Rohrleitung zerrissen.	Secchi. Dingler J. Bd. 209, S. 207. Meidinger, G., S. 172.	?
12	1872	Jemappes, Kirche.	Durch 0,7 m dicke Mauer vom Ableiter zum Gasrohr.	Mechanisch.	Melsens R., S. 50.	?
13	1877	Jtzehoe, St. Laurentiuskirche.	Von Fangstange über Dachrinne durch 0,5 m starke Mauer zur Gasleitung.	Mechanisch.	Holtz Ber. 1, S. 21.	?
14	1879	Graz, Wohnhaus.	Zur Gasleitung.	Explosion.	Bauzeitung 1880, S. 233.	?
15	10. 6. 1880	München, Kanalstraße 33.	Von Blitzableiter des Hauses 33 längs Abfallrohr zur Gasleitung des Hauses 32.	Mechanisch.	Schilling J., 1888, S. 607.	Nein.
16	4. 8. 1880	Flensburg, Nikolaikirche.	Zur Gasleitung des benachbarten Schulhauses.	Mechanisch.	Weber B. II	?
17	14. 7. 1881	Gießen, Physikalisches Institut.	Auf 20 cm Entfernung zur Gasleitung.	Keine.	Buff, Professor. Meidinger, G., S. 137.	?
18	Juli 1883	Wurzen, Haus Beyer.	Absprung nach eisernen Balken und Gasleitung.	Mechanisch.	Lindner, Elektrotechniker, Art. 56.	Ja.
19	14. 8. 1884	Straßburg, Polizeidirektionsgebäude.	Von Telegraphenleitung zur benachbarten Gasleitung.	Brand.	Meidinger, G., S. 211.	?

20	3. 5. 1885	Bremen, Remberti-kirche.	Durch dicke Mauer zum Gasarm in der Kirche.	Mechanisch, Schmelzung.	Höpke, S. 12.	?
21	Juni 1885	Dresden-Plauen.	Zur bleiernen Wasserleitung.	Mechanisch.	Freyberg Bo., S. 25.	Nein, großer Erdwiderstand.
22	1885	Freiberg i. Schl., Haus.	Zur Gasleitung.	Unbedeutend.	Schilling J., 1888, S. 652.	?
23	25. 5. 1887	Karlsruhe, Waldhornstraße.	Zur Wasserleitung.	Mechanisch.	Meidinger G., S. 222.	Ja.
24	1. 8. 1887	Breslau, Universität.	Durch 1 m dicke Mauer zur Wasserleitung.	Mechanisch.	Elektrot. Z. S., 1888, Juni.	?
25	1887	? Kirche.	Zur Gasleitung, die geschmolzen wurde.	Brand.	Wyatt Bayworth, Rep. light. r. conf (39).	
26	1. 7. 1887	Breslau, Elisabeth-kirche.	Auf 2 m zu einer Gaslaterne.	Mechanisch.	Elektrot. Z. S., 1888, S. 287.	
27	1887	Bremen, Kirche.	Zur Gasleitung.	Unerheblich.	Schilling J., 1887, S. 1066.	
28	1887	New-Haven, Kirche.	Nach Durchschlagung einer 0,5 m dicken Mauer zur Gasleitung.	Mechanisch.	Melsens Par., S. 78.	
29	26. 6. 1888	München, Anger-Frohnfeste.	Absprung durch Metalldach zum Wasserreservoir.	Zündung.	Centralbl. f. Elektrot. Bd. X. S. 733.	Ja.
30	25. 7. 1888	Frauenfeld, Fabrik.	Absprung längs Fuß und Metalltheilen zur Wasserleitung.	Mechanisch.	ibidem.	? Ableitung direkt in einen Fluß gelegt.
31	21. 11. 1888	Barmbeck, Fabrik schornstein, Hamburger Gummiwaaren-G.	Durch Metalldach des benachbarten Hauses zum Wasserreservoir; ein zweiter Theil des Schlages zur Telephonleitung und dann zur Wasserleitung.	Mechanisch. Zündung.	Voller Akt., S. 33.	?

Nr.	Zeit	Ort	Weg des Blitzschlages	Schaden	Beobachter und Art der Veröffentlichung	War Blitzableiter in Ordnung?
1.	2.	3.	4.	5.	6.	7.
32	1888	Hamburg, Haus.	Auf 2 m Entfernung in frei-liegendes Gasrohr.	?	Elektrot. Z., S., 1888, S. 475.	?
33	16. 5. 1889	Charlottenburg, Leibnizstr. 30.	Längs Telegraphendraht Absprung zur Gasleitung.	Schmelzung.	Ulfert, Art. 27.	Ja.
34	4. 6. 1889	Hof, Gymnasium.	An 2 Stellen zur Gasleitung.	Schmelzung. Undichtwerden der Muffen.	Schilling Z., 1889, S. 1087.	Ja.
35	9. 6. 1889	Hamburg, Haus des Senators Lehmann.	In der Nähe zur Wasserleitung. Feuererscheinung.	Keiner.	Voller, Art. 35.	Nein, großer Erdwiderstand.
36	Juli 1889	Plagwitz-Leipzig, Kirche.	Absprung zur sehr nahen Gas-leitung.	Kleiner Funke.	Lindner, Art. 54.	Ja.
37	21. 7. 1889	Steglitz, Feierabend-haus.	Uebergang zur Wasserleitung.	Mechanisch. Löcher i. Rohre.	Franz, Art. 20.	?
38	Mai 1890	Dresden, Dreikönigs-kirche.	Durch Mauer auf 0,75 m zum Gasrohr.	Mechanisch. Schmelzung.	Becker, Art. 51.	Ja.
39	9. 6. 1890	Emmerich, Haus des Dr. Falelbey.	Zur Gas- und Wasserleitung.	Mechanisch.	v. Grimborn, Art. 58.	?
40	?	Frankfurt a. O., Telegraphenbureau.	Absprung auf 8 Schritt zur Wasserleitung.	Schmelzung.	Weise, Art. 2.	?
41	?	Crumpfall, Marien-kirche.	Ueber Dachrinne zur Wasserlei-tung, welche schmolz.	Brand.	Meidinger, S., S. 179. Rep. light. r. conf. (39).	Nein, schlechte Erdleitung.

Tabelle III.

Blitzschläge in Blitzableiter, welche an Gas- oder Wasserleitung angeschlossen sind.

Nr.	Zeit	Ort	Art der Spuren und des Schadens.	Beobachter und Ort der Veröffentlichung	War Blitzableiter in Ordnung?
1.	2.	3.	4.	5.	6.
1	23.7.1878	Düsseldorf, Kunstakademie.	Keine.	Bauzeitung, 1880, S. 233.	?
2	19.7.1879	Steglitz, Feierabendhaus.	Keine.	ibidem.	?
3	13.6.1886	Wannsee, Villa Ende.	In der Küche, unter welcher der Anschlußdraht zur Wasserleitung führt, fiel ein Mädchen um. Kein Schaden.	Ulfert, Akt. 25.	?
4	1886	Stargard, Meißnersches Haus.	Blitzableiterspitze geschmolzen, sonst kein Schaden.	Ulfert, Akt. 24.	?
5	1888	Konitz, Corrigendenanstalt.	Schmelzung der Blitzableiterspitze und des Fernsprechblitzableiters. Lichterscheinung im Portierhaus und im Saale, dessen Eisenkonstruktion am Blitzableiter angeschlossen war, sonst kein Schaden.	Ulfert, Akt. 26.	?
6	Mai 1889	Wannsee, Villa Siemens.	Leitung stark gerüttelt; kein Schaden.	Ulfert, Akt. 27.	Leitung war noch nicht vollständig, ohne Erdplatte.
7	15.5.1889	Frankfurt a. O., Feuerwehrlokal, Maregenhof.	Von der angeschlossenen Wasserleitung zu der diese kreuzenden Gasleitung, welche nicht angeschlossen war. In beiden Rohren an Kreuzungsstelle Löcher.	Schilling Z., 1889, S. 902.	?
8	1890	Berlin, Gemeindeschule Oberwalderstr.	Schmelzung einer Fangspitze und starke Einschnürungen an einem mit dem Ableiter verbundenen Regenrohr.	Ulfert, Akt. 42.	?

Tabelle IV.

Absprung vom Blitzableiter in andere Leiter wie Gas- oder Wasserleitung.

Nr.	Zeit	Ort	Art des Weges	Schaden	Beobachter und Ort der Veröffentlichung.	War Blitzableiter in Ordnung?
1.	2.	3.	4.	5.	6.	7.
1	1876	Elmshorn, Schule.	Durch Mauer nach Regenrinne.	Mechanisch.	Holtz, über Blitzabl. 20.	?
2	1880	München, Blingauerstr. 120.	Von dem Ende des auf dem Dache liegenden abgeschnittenen Blitzableiters durch eisernes Fenster zu großen Metallmassen.	Mechanisch.	Schilling J., 1888 S. 608.	Nein, abgeschnitten.
3	1880	München, Damenstifts-Kirche.	Nach Absallrohr unter Zerstörung des benachbarten Telegraphendrahtes.	Mechanisch.	ibidem.	?
4	5. 5. 1881	Begesack, Schiffswerft von Ulrichs.	Theilung in 3 Theile, der eine schlug durch ein metallenes Dach zu großen Metallmassen, der zweite schlug zu einer Glockenleitung über, der dritte zum Kessel.	Mechanisch, Tödtung.	Häpke, S. 23.	Nein, keine Erdplatte.
5	2. 10. 1884	Bremen, Ansgarii-Kirche.	Vom Bleiter längs Haken der früheren Leitung zur Dachrinne des benachbarten Hauses.	Mechanisch, Schmelzung.	Häpke, S. 9.	Nein, Erdleitung schlecht.
6	17. 8. 1889	Hamburg, Michaelis-Kirche.	Im Innern des durch Blitzableiter geschützten Thurmes Entladungen zwischen Metall und Feuerwehrtelegraph.	Mechanisch, Schmelzung, Zündung.	Voller, Mit. 36. Hamb. Corresp. Bl. 1889.	Ja.
7	?	Beedenbostel b. Celle, Haus.	Absprung zur Dachrinne.	Keiner.	Dohrmann, Mit. 15.	Ja.
8	?	Rönnebeck a. d. Weser, Eisengießerei.	Durch Mauer zu Eisenmassen.	Schmelzung.	Häpke, S. 20.	?

Tabelle V.

Weitere Blitzschläge, welche durch die Einsendungen zur Kenntniß des Unteransschusses gekommen sind.

Nr.	Zeit	Ort	Art der Erscheinung.	Beobachter und Ort der Veröffentlichung
1.	2.	3.	4.	5.
1	20. 5. 1888	Frankfurt a. O., Reformirte Kirche.	An Kreuzungsstelle der Erdleitung des Blitzableiters mit Gasrohr war letzteres mit Schutzgitter umgeben. Der Blitzschlag ging nicht in das Gasrohr über.	Ulfert, Akt. 25.
2	6. 6. 1890	Ludwigsdorf, Kreis Neurode.	Trotz Blitzableiter Blitzschlag in's Gebäude an der einem Bache zugewandten Seite mit Verzweigungen.	Deckert, Akt. 48.
3	?	Heiligenfelde, Kirche.	An der Stelle, wo Eisentheile der Helmstange aufhörten, war Zündung eingetreten, außerdem starke mechanische Wirkungen.	Dohrmann, Akt. 10.
4	?	Otterstedt, Windmühle.	Erdplatte des Blitzableiters lag nicht im Grundwasser. Mühle fing von oben an zu brennen und brannte ab.	ibidem.
5	?	Hutstedt bei Gulingen.	Nach dem durch den Blitz verursachten Brande wurde genau über der Pumpe ein kleines Loch in der Wand des Hinterhauses, welches selbst vom Brande verschont blieb, entdeckt.	Dohrmann, Akt. 15 a.
6	?	Wachendorf bei Bilsen.	Haus zündete zuerst über der Pumpe.	ibidem.
7	?	Nesseln bei Braunsche.	Blitzschlag in ein kleines, Maschinen enthaltendes Gebäude, das in dem Schutzkreise einer Mühle lag.	Dohrmann, Akt. 15 b.
8	?	Nahden in, Westphalen.	Es wurden drei, in geringer Entfernung von einander liegende Gebäude getroffen, das eine hatte Blitzableiter, an welchem eine Verbindung geschmolzen wurde.	Dohrmann, Akt. 15 d.

Nähere Angaben zu den in vorstehenden Tabellen zusammengefaßten Blitzschlägen.

Die wörtlich wiedergegebenen Berichte der Beobachter oder Einsender sind durch Einschließung in Gänsefüßchen („ ") gekennzeichnet.

Zu I 6. Beobachter befand sich in der Mitte eines Zimmers, in welchem noch 3 Personen außer ihm vorhanden waren. „Der Blitz fuhr ca. 1,25 m an meinem Kopfe vorbei und schlug in die von der Decke herabhängende Gaslampe, ohne irgend Schaden anzurichten. Bei genauer Untersuchung fand ich,

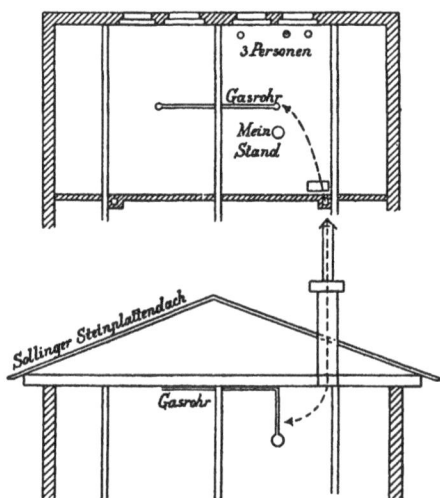

daß der Blitz in ein blechernes Aufsatzrohr des Stubenschornsteines eingeschlagen hatte, an dem Rohr war er in's Zimmer gedrungen, hatte durch die Mauer eine Oeffnung ca. 6—8 mm gebohrt, die Tapete handgroß abgerissen, war dann über den Ofen hinweg an mir im Bogen vorbei in das Gasrohr gefahren, wie ich das nebenstehend skizzire. — Der Blitzstrahl muß sich getheilt haben, denn im gleichen Augenblicke fuhr ein zweiter Strahl in einen eisernen Trinkbrunnenpfeiler, in dessen Nähe 30 Menschen zur Auszahlung unter einem Schutzdach standen. Der Brunnenpfeiler ist ca. 10 m von dem Ofen entfernt."

Zu I 9. „Der Blitz traf eine auf dem Dach befindliche Wetterfahne ohne Blitzableiter, sprang von dort ab und durchbrach ziemlich in der Mitte zwischen zwei Fenstern in einem etwa 30 cm langen Riß die mindestens 1 m dicke Mauer und erreichte beim Ansatze der flach gewölbten Zimmerdecke den Klassenraum (Oberprima). Man konnte nachträglich vom Zimmer aus durch den Riß hindurch den blauen Himmel sehen. Die im Klassenraume befindliche Gasleitung wurde herabgerissen und völlig verbogen vorgefunden. Gleichzeitig wurden bei dem Blitzschlage in den Gasarmen des Musiksaales, der annähernd 100 m von der Oberprima im Parterre in einem andern Flügel des Gebäudes entfernt liegt, elektrische Erscheinungen, ein Aufblitzen und Leuchten, bemerkt. Gezündet hat der Blitz nirgends, auch sonstigen Schaden nicht verursacht. Aber im ganzen Gymnasialgebäude und im Hofe hat man einen auffälligen Schwefelgeruch bemerkt. Den Schülern, die im Musiksaale unter und nahe bei den Gasleitungsarmen saßen, haben sich zur großen Freude der übrigen die Haare in die Höhe gesträubt."

Zu I 12. „Der Blitz hatte den Schornsteinkopf mäßig beschädigt, war dann, die Decke der Kochmaschine durchschlagend, auf eisernes Kochgeschirr, von da nach einem Küchenregal und von diesem unter dem Mauerputz, welcher an Draht und Rohr der Mauerbalken haftete, nach dem Wasserleitungsrohr gegangen. Augenscheinlich hat sich der Strahl vom Ofen aus getheilt, indem der andere Theil vom Ofen aus, in Richtung nach der Wasserleitung, entlang der Decke, dann in gebrochenen Linien dem Rohrdraht folgend, seinen Weg genommen hatte. Am Wasserleitungsrohr war eine Beschädigung nicht zu erkennen, nur eine geringe Ablösung von Kalk und ein feiner Sprung im Putz deuten an, daß eine mäßige Erschütterung stattgefunden hat. In den tiefer gelegenen Stockwerken war keinerlei Spur einer Blitzwirkung zu erkennen."

Zu I 14. Der Blitz wurde in einer Küche der zweiten Etage als Feuererscheinung beobachtet, ferner in dem unter dieser Küche liegenden Raume, durch welchen die zur oberen Küche führende Wasserleitung ging, als unbestimmte subjektive Empfindung; schließlich ist in der im Erdgeschoß befindlichen Küche da, wo Wasserleitung und Gasleitung sich kreuzten, ein Ueberspringen zu der letzteren durch Schwärzung und Brandspuren des Plafonds beobachtet.

Zu I 22. „In dem Hause des Bäckermeisters Seiler ist die Wasserleitung von der Straße aus nach der im Erdgeschoß liegenden Backstube geführt. Von der Wasseruhr an waren Bleirohre bis in das obere Geschoß gelegt. Dortselbst war das Ende des Bleirohres mit einem Auslaufhahne versehen, welcher über einen gußeisernen Küchenausguß einmündete. Das Abflußrohr des Ausgusses mündete auf ein Dach hinaus, nach der Dachrinne.

Die Dächer selbst sind flache, sogenannte Cementdächer, welche rings mit Zinkblech-Einfassungen versehen sind.

Die Bleirohrverbindungen waren mit ovalen Flantschen und dazwischen gelegten Gummischeiben hergestellt. Die elektrische Entladung bei einem Gewitter hatte sämmtliche Gummischeiben von der Wasseruhr an bis oben hinauf zwischen den Flantschen herausgetrieben und die Bleirohre an diesen Stellen ein wenig geschmolzen. Bei dem Auslaufhahne am oberen Ende war ein Funke nach dem Küchenausguß übergesprungen, was an der Schwärzung der weißen Emaille zu erkennen war. Von dort war der Lauf der Entladung an den Dacheinfassungen und den Dachrinnen deutlich zu erkennen, da das Zinkblech an allen Stellen, wo es nicht zusammengelöthet, sondern blos zusammengesteckt oder über einander gelegt war, durch Bildung eines Funkens geschmolzen war. An einer Hausecke hatte er dann ein Stück vorspringendes Mauerwerk abgerissen und war dort wenigstens ein Theil des Ausgleiches mit der Luft erfolgt."

Zu I 37. „Da sauste unter furchtbarem Krachen der Blitz durch das offenstehende Kellerfenster in der Größe eines kleinen Hühnereies direkt in die Wasserleitung, an der ich gestanden, und verschwand in dieser. Der Krach in dem gewölbten Keller war so stark, daß ich fast zwei volle Tage absolut taub war; auch hatte meine oben im Hause befindliche Familie das bestimmte Gefühl, daß es im Hause eingeschlagen habe, denn letzteres hatte von oben bis unten gebebt."

Zu I 38. „Gas- und Wasserleitung im Gebäude. Der Blitz traf die Zinkkehle auf der First, zweigte sich in zwei Arme, von denen der eine sich wiederum theilte. Alle drei Theilentladungen erreichten unter theilweis erheblicher Zerstörung der Abfallrohre, Umfassungs- und Innenmauern, sowie des Deckenputzes schließlich die zunächst gelegenen Gasarme. Von hier ab fehlte jede Spur einer Beschädigung. Den angerichteten Zerstörungen nach muß die Entladung eine sehr starke gewesen sein. Das schwächste getroffene Gasrohr war 13 mm außen stark. Es war nicht im mindesten beschädigt. (13 mm außen, 7 mm innen.)"

Zu I 39. „Der Thurm wurde getroffen. Unter sehr ausgedehnter und erheblicher Zerstörung der auf dem Wege liegenden Gebäudetheile, Dachsparren, Mauerwerk und Putz wurde das höchstens 20 mm außen starke innere Gasrohr aufgesucht. Von hier ab fehlt jede Spur einer Wirkung."

Zu I 45. Es beobachtete Herr Lorenz den Austritt einer gelbblauen Kugel aus dem Wasserleitungshahne, die unter flintenschußähnlichem Knalle platzte. Gleich hinterher wurde noch ein zweiter noch stärkerer Schuß aus demselben Wasserleitungsrohr herauskommend beobachtet.

Zu I 46. „Der Blitz traf den in der Mitte des Daches befindlichen Schornstein und zündete das auf dem Speicher angehäufte Heu. Von diesem schlechten Leiter abspringend, fuhr er quer durch das Dach in die außerhalb des Daches angebrachte blecherne Dachrinne, ging dieser entlang bis zum Abfallrohre, folgte diesem eine Strecke (Stockwerk) tiefer wieder in das Haus bis auf einen eisernen Spülstein und nahm nunmehr den Weg zur Erde, indem er an der an dem Spülsteine angebrachten Wasserleitung herabfuhr. Der

Spülstein war beschädigt und zeigten sich an dem Verputze an der Wasserleitung deutliche Spuren. In den verschiedenen Stadien wurde der Blitz
deutlich gesehen."

Zu I 50. „Nach genauerer Untersuchung fand ich aber eine Fenster-
scheibe zersprungen und mit einem zerschmolzenen Loch versehen. Diese Scheibe
zeigte regenbogene Farben und so war ich gewiß, daß hier der Blitz herein-
gefahren sein mußte. Die weiteren Nachforschungen ergaben nun, daß von
dieser Scheibe aus der Blitz in die nahe anliegende Wasserleitung fuhr und
daran verschwand. Die Mauerkante am oberen Fenster war abgebrochen,
das Wasserleitungsrohr hatte aber äußerliche Wasserspuren, ohne gesprungen
zu sein."

Zu I 52. „Derselbe traf einen Schornsteinkopf, zertrümmerte diesen, fuhr
dem Giebel entlang, die Sparren und Ziegeleindeckung 1,5 m breit zertrüm-

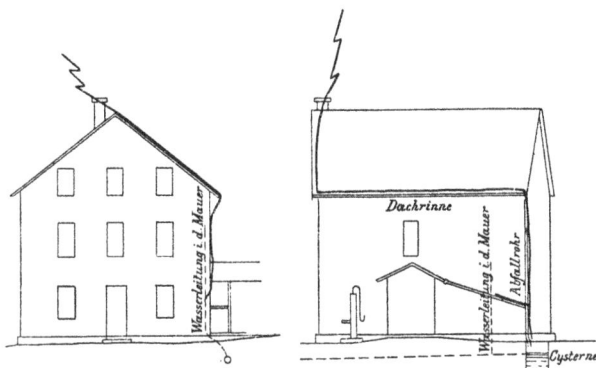

mernd, hinunter bis zur Dachtraufe, lief an der Dachrinne und dem Abfallrohr
hin und scheint zum kleinen Theil am Fuße des Abfallrohres (welch' letzteres
nicht ganz in die daselbst befindliche Cysterne reicht) in diese Cysterne abgesprungen zu sein. Der Hauptschlag dagegen folgte der schräg abfallenden Dachrinne des kleinen niedrigen Anbaues einige Meter aufwärts, schlug dann durch
die Mauer in's Innere auf das Wasserleitungsrohr und fuhr daran entlang
in den Boden."

Zu I 53. „Der Blitz schlug an einem heißen Sommertage Abends
11 Uhr in das Casino der Burbacherhütte, indem er an dem östlichen Giebel
in den Schornstein fuhr, dann auf die Gas- und Wasserleitungsrohre über-
sprang und so zur Erde kam. Da die elektrischen Klingeln mit ihren Drähten
ebenfalls an einigen Gaslampen hingen, so ging der Blitz auch hier durch und
zerstörte dieselben, indem er gleichzeitig die Umhüllung der Drähte abriß.
Niemand wurde beschädigt, trotzdem die Räume besucht waren."

Zu I 55. Der Blitz schlug durch den Luftschornstein *C* in die Wasserleitung, welche aus 40 mm Φ verzinntem Gasrohr bestand und einerseits 50 m

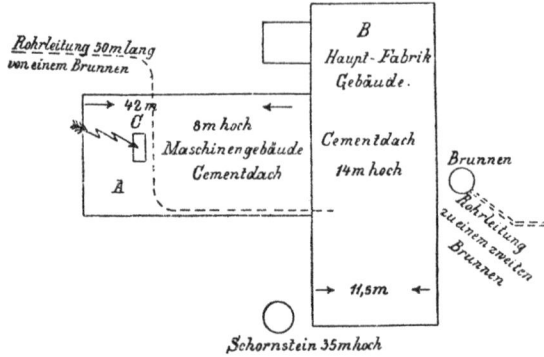

lang zum Brunnen, andererseits zu einem Reservoir unter dem Dache des
Hauptgebäudes *B* führte.

Zu I 59. „Zwei Blitzschläge: 1. auf den südwestlichen Thurm, welcher
10,3 m höher ist als die Gebäudefirst; 2. auf den nordöstlichen Thurm, wel-

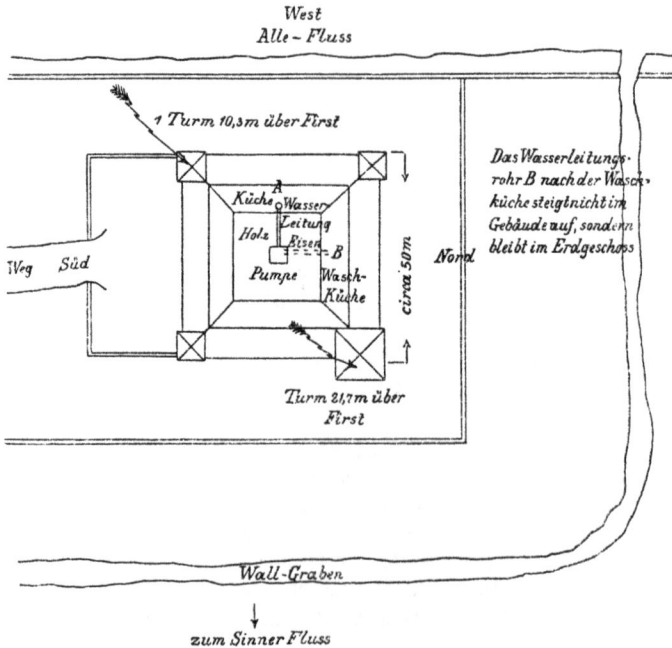

cher 21,7 m höher ist als die Gebäudefirst (51,9 m Höhe vom Erdboden, vom Wasserspiegel der Aller 57,50 m). In beiden Fällen sprang der Blitz auf das Wasserrohr A über und ging längs demselben in den Brunnen — er hat Stücke Holz in den Thürmen abgerissen, ist dann längs dem Corridor an der Decke gegangen und hat hier Stücke herausgerissen, dann längs dem Wasserrohr, — das durch sämmtliche Etagen nach der Küche (hinab) und von da nach der Kloake führt — heruntergegangen; eine Beschädigung an dem nach der Küche gehenden Kupferrohr hat nicht stattgefunden. Die unterirdische Wasserleitung aus dem Brunnen nach der Küche ist von Holz, die nach der Waschküche von Eisen."

Zu II 18. „Die Blitzableitung besteht aus 2 Auffangestangen von je 4,5 m Höhe, welche durch Firstleitung verbunden sind und am südlichen Giebel zur Erde geführt sind. Die Leitung besteht aus 8,5 mm massivem hüttenchemisch-reinen Kupferdraht, wie ich solchen nur für Blitzableiter verwende, und endigte im nahe am Hause gelegenen Brunnen in einer Kupferplatte, welche verzinnt war, von 1 × 0,5 m einseitiger Fläche. Sämmtliche Verbindungsstellen sind verlöthet und solid hergestellt. Im Hause ist eine verzweigte Gasleitung vorhanden, welche am entgegengesetzten Giebel eingeführt ist.

Der Blitzschlag ist ohne alle Folgen verlaufen, nur hatten die Bewohner, welche sich zur Zeit des Einschlages in erster Etage ungefähr im Centrum des Gebäudes befunden hatten, an der Gasleitung ein starkes Knistern und Flammen bemerkt, welche Erscheinungen sie nicht wenig erschreckt hatten. Bei der anderen Tages von mir vorgenommenen Besichtigung fand sich, daß die Deckentapete, mit welcher die Gasrohre überklebt gewesen waren, auf der ganzen Länge gewaltsam abgesprengt war, als wenn eine Ausdehnung des Rohres stattgefunden hätte, Brandspuren konnten jedoch hieran nicht gefunden werden.

Dagegen fand sich auf dem Boden des Hauses, da wo außerhalb die Leitung vorbeiführte, ein größeres Stück Putzmörtel losgeschlagen und ein größeres Stück Leinenwäsche, welches zum Zwecke des Trocknens der runden Fensteröffnung gegenüber hing, zeigte unendlich viele kleine braune Flecken, welche sich bei näherer Besichtigung als winzige Brandflecken ergaben, in ihrer Mitte ein stecknadelgroßes Loch zeigend. Durch den abgeschlagenen Putzmörtel konnte man Theile eines schmiedeeisernen Balkenankers ersehen, von welchem auch die die Brandflecken verursacht habenden Eisentheilchen herrührten."

Zu II 20. „Ein ähnlicher Fall ereignete sich am 3. Mai 1885 Nachmittags 2 Uhr an dem Blitzableiter der Rembertikirche. Hier sprang der Blitz ungefähr 10 m über dem Erdboden von dem Kupferseile ab, das an der äußeren Seite des Thurmes heruntergeführt ist, um durch das außerordentlich dicke Mauerwerk nach einem Arm der Gasleitung auf der Empora zu kommen. Aeußerlich war die Mauer von dem verdampften Kupfer grünlich gefärbt, während auf der inneren Seite neben dem Gasarm ein losgesprengtes Steinstück den Weg des elektrischen Funkens bezeichnete. An dieser Stelle, wo auch das Kupferseil verbogen war, hatten die Nachbarn einen intensiven blauen Dampf bemerkt.

Glücklicher Weise gingen die beiden letzten Blitzschläge, die zur Zeit des Gottesdienstes den Besuchern hätten gefährlich werden können, ohne weitere Schädigung vorüber."

Zu **II 31.** „Der große Fabrikschornstein war mit einem Blitzableiter versehen, der zerstört wurde. Die Kupferleitung schmolz durch (sehr starken Kupferdraht etwa 6 mm), so daß der Draht in drei Stücke hernieder hing; der Hauptteil des Schlages sprang von dem Blitzableiter auf das benachbarte Zinkdach des Kesselhauses über, welches durchschlagen wurde; hier verschwand die Entladung spurlos in einem großen, von dem städtischen Wasserleitungsnetze gespeisten Wasserreservoir. Ein kleiner Theil der Entladung folgte den benachbarten Leitungen einer n i c h t an das allgemeine Fernsprechnetz angeschlossenen Fabrik-Telephonanlage und ging von diesen einerseits zu einem in die Erde führenden Regenrohre, andererseits zu einem an das Gebäude führenden Wasserleitungsrohr der städtischen Leitung über. An beiden Uebergangsstellen entstand Brand, da zwischen den Röhren und den Telephondrähten keine metallische Verbindung bestand, letztere aber an erstere sehr nahe waren. Die Telephonstationen wurden natürlich zerstört. Der zerstörte Blitzableiter war, als ich zur Untersuchung kam, bereits reparirt, resp. erneuert, so daß ich nichts Näheres ermitteln konnte; im reparirten Zustande zeigte er 1,5 Ohm Erdwiderstand."

Zu **II 33.** „Gas- und Wasserleitung im Gebäude. Blitzableitung nicht angeschlossen. Mit einer kupfernen Erdleitungsplatte versehen, welche im Hofbrunnen unzweifelhaft im Wasser lag. Leitung auch sonst vollkommen in Ordnung. Der Blitz verließ, begünstigt durch den mit der Blitzableitung verlötheten Ableitungsdraht des früheren Fernsprechers den Blitzableiter, um nach dem Gasrohr zu gelangen. Er schmolz auf dem Wege dahin die dünnen Kupferdrähte der Telephon- und Haustelegraphenanlage an den scharfen Krümmungen. Vom Uebergang nach dem Gasrohr hört jede Spur einer Beschädigung auf. Ein Uebergang nach dem Wasserleitungsrohr ließ sich nicht erkennen."

Zu **II 35.** „Das Haus hat einen Blitzableiter, der in seinem oberen Theile mit dem Zinkdache des Hauses verlöthet ist. Die Leitung besteht aus zusammengefalzten Kupferstreifen. Der Schlag machte das Haus erdröhnen und hüllte die in der im Keller liegenden Küche 2c. anwesenden Personen ihrer Angabe nach vollständig in Feuer ein (?) — sonst ist kein Schade entstanden.

Sicheres ließ sich hinsichtlich des Blitzverlaufes nicht ermitteln; zweifellos aber ist die Entladung vom Blitzableiter (welcher 55,5 Ohm Erdwiderstand hat) abgesprungen und wahrscheinlich auf die Straßenleitungen 2c. der Küche übergegangen."

Zu **II 36.** Der Blitz hat während des Baues die Kirche zweimal getroffen. Das erste Mal, als noch keine Leitung vorhanden war, zeigte sich der

Einschlag nur an der Schwärzung der äußersten Spitzen. In Bezug auf den zweiten Schlag lautet der Bericht:

„Einige Monate darauf erhielt ich abermals eine gleiche Nachricht, ein zweiter Blitz hatte die Kirche getroffen, doch bot sich nunmehr Interessanteres. Während beim erstmaligen Einschlagen des Blitzes die Ableitung nur wenige Wochen vorher beendet worden war, wie es das Fortschreiten des Baues erforderte, hatte inzwischen der innere Ausbau Fortschritte gemacht und war nunmehr die Gasleitung eingeführt worden, welche unter Anderem auch oberhalb des Gewölbes über dem Kirchenschiff nach den drei anzubringenden großen Kronleuchtern geführt worden war. Das Dach dieser Kirche hatte durchweg schon eiserne Binder oder kurzweg eine eiserne Dachconstruction, welche natürlich mit den Ableitungen an 2 Stellen verbunden worden war. Zu der Leitung war 10 mm massiver chemisch reiner Kupferdraht verwendet worden und führt vom Thurm herab eine direkte Ableitung, während eine zweite über das Schiff hinweg und seitlich vom Chore herabgeführt ist. Jede Ableitung endigt mit einer kupfernen Erdplatte von 1×1 m einseitiger Fläche in einem vorhandenen Brunnen, während außerdem, da hier felsiger Untergrund ist, an jeder Ableitung noch eine flachliegende kupferne Netzbandleitung in geringer Tiefe in die Humusschicht eingebettet ist, wodurch die Erdleitung bei feuchter Erdoberfläche einen sehr geringen Uebergangswiderstand aufweist.

Die Gasleitung kommt nun einem der eisernen Dachbinder auf wenige Millimeter nahe und erfolgte hier bei dem zweiten Blitzschlage ein Ueberspringen oder aber es fand ein Rückschlag statt.

Dachdecker, welche mit dem Verstreichen der Falzziegel von Innen in einem Hängegerüste einige Meter über der angeführten Stelle beschäftigt waren, bemerkten zur Zeit des Einschlagens eine heftige Detonation und gaben an, eine mehrere Meter lange Flamme, von jener Stelle ausgehend, gesehen zu haben, Erscheinungen, welche sie veranlaßte, sofort und mit größter Eile ihre Arbeit zu verlassen.

Der Eindruck ist auf sie ein derartiger gewesen, daß sie, jede Vorsicht vergessend, aus der Höhe von ca. 3 m direkt auf das Gewölbe des Kirchendaches sprangen und die Thurmtreppe hinabeilten!

Bei der Untersuchung fanden sich Schmelzspuren nicht, wenigstens konnten sie nicht constatirt werden, da diejenige Stelle, wo sich Gasrohr und Dachbinder am nächsten standen, derart verdeckt lag, daß eine Ocularinspection ausgeschlossen blieb.“

Zu II 37. Unmittelbar nach einem starken Gewitter ergoß sich ein Wasserstrom aus einem im Souterrain befindlichen Wasserrohr. Die Untersuchung ergab, daß das äußerste Ende abgesprengt war. Im Verlaufe der Zeit traten weitere Wasserverluste ein, welche zur Auffindung von zwei gleichen runden Löchern in der 1 cm starken Wand des Bleirohres der Wasserleitung führte. An den Rändern der Löcher waren deutlich Schmelzspuren zu sehen.

Zu II 38. Die Kirche war mit 4 Erdleitungen — 2 zu 0,5 qcm und 2 zu 1 qm großen Erdplatten mit je 6 S.-E. Uebergangswiderstand — versehen. Die Ableitungen standen sowohl am Dache als in Manneshöhe vom Boden durch verzinkte Rundeisenstangen, welche sich der Architektur anschlossen, in leitendem Zusammenhange mit einander. Eine dieser Querverbindungen lag nun nur etwa 0,75 m von dem in der Kirchenmauer versenkten Hauptgasrohr entfernt. An dieser Stelle ist der Blitz übergeschlagen und hat ein Loch von der Größe eines 2 Markstückes in die Mauer geschlagen, in welches Loch man 0,75 m tief mit einem Stocke hineinreichen konnte. Das Gasrohr hat anscheinend nicht gelitten. Derselbe Blitzschlag war im Thurme nach einem Telegraphen-kabel übergesprungen und hatte dieses geschmolzen.

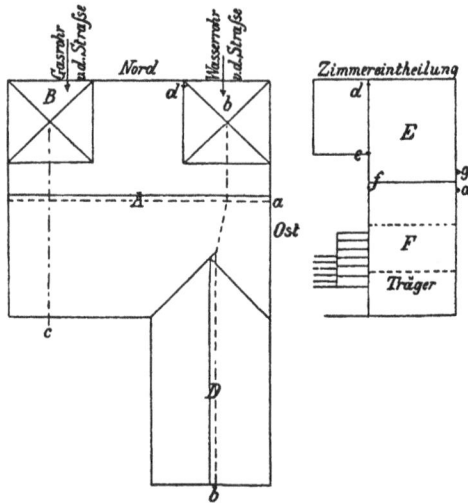

Zu II 39. „Grundriß des Hauses, A Vorderhaus, bestehend aus Keller-räumen, hohem Erdgeschoß, einer Etage hohem Söllerraum. B und b sind Thürme mit Spitzen, D Anbau für Küche, Kinderzimmer, Badezimmer, — — — Blitzableiter, hat bei a, b und c Erdleitungen und 3 Auffangespitzen, auf jeder Thurmspitze eine und an dem Giebel des Anbaues bei b eine.

Die Erdleitungen sind gebildet, indem man 3—5 Löcher auf 6—7 m Tiefe mittelst einer spitzen eisernen Stange in die Erde bohrte, in jedes dieser Löcher einen geflochtenen Blitzableiterdraht von ca. 11 mm Durchmesser, ca. 6 m tief hineinsenkte und die einzelnen Enden oben zusammen und mit der Ablei-tung verband. Die drei Ableitungen haben zusammen 12—14 solcher einzelnen Verbindungen mit der Erde bis in wasserreiches Erdreich. Das Haus ist mit elektrischer Schelleneinrichtung versehen. Ein Abspringen vom oder ein Ueberspringen auf den Blitzableiter läßt sich an keiner Stelle nachweisen. Der elektrische Schellendraht führt bis zum Mägdezimmer im Thurm b. In der Ecke des Thurmes bei d ist auf dem Söller ein Regenwasserableitungsrohr sichtbar. Von d nach e liegt ein eiserner Träger. Auf dem Zimmer E der Etage unter dem Thurm b ist oben aus der Wand bei e ca. 6 kg Kalk und Stein abgebrochen und gegen die gegenüberstehende Wand geschleudert, wo die Spuren von oben bis unten zu sehen sind. Bei g mündet ein Rohr der Wasserleitung im Zimmer E und an der Außenwand liegt 0,7 m davon der Blitzableiter a. Durch den Durchschlag bei e erreichte der Strom den Leitungsdraht der elektr. Schelle, folgte dieser Leitung durch den Treppenflur, indem er bei f, dem Drahte folgend, wieder durch die Wand ging. In Höhe der untersten Balkenlage kreuzte der Schellendraht ein in der Wand 10 cm vertieft liegendes Rohr der Gasleitung, wo ein Uebersprung und Beschädigung des Putzes stattfand. Weiter weg führte der Schellendraht dicht am Wasserrohr vorbei, wo gleichfalls Uebersprünge nachzuweisen sind. Der Schellendraht ist stellenweise auch auf der benutzten Leitung unbeschädigt, stellenweise von der Wand abgerissen und zerrissen, ohne daß die isolirende Seide verbrannt wäre. An den Rohrleitungen hat keine Beschädigung stattgefunden. Die Familie des Dr. Fackeldey, Mann, Frau und 7 Kinder saßen im Eßzimmer des Erdgeschosses, im Plane unter T, um einen breiten, viereckigen Tisch. Ueber dem Tisch hing eine Gashängelampe. Der Flur des Eßzimmers ist mit Metlacher Platten belegt. In dem Flur liegen eiserne Träger, die mit dem Wasserleitungsrohre in unmittelbarer Verbindung stehen. Man sah eine Lichterscheinung auf dem Tisch, die Lampe und alles Eßgeschirr klirrte und von einer Schüssel blätterte am Rande ein 2 qcm großer Splitter ab."

Zu II 40. „In dem Zimmer befand sich u. A. ein Telegraphen-Apparat, (Verbindung nach dem Bahnhofe), und von diesem etwa 8 Schritte, an der Wand eine Wasserleitung mit einem gußeisernen Waschbecken und daran unten das in die Leitung mündende Abzugsloch, welches mit einem, an messingner Kette hängenden Metallstöpsel verschlossen wurde. — Plötzlich war das Zimmer von einem Blitzstrahl hell erleuchtet, während ein mäßig starker Schlag erfolgte. Das Anschlagen des Ankers am Morseapparate bewies, daß der Blitz an der oberirdischen Telegraphenleitung hereingekommen war; dann war der Blitz, die Erdleitung des Apparates vermeidend, dicht hinter meinem Rücken in die bezeichnete messingne Kette übergesprungen (8 Schritte Zwischenraum), und an derselben, ein kleines Loch in dem Stöpsel hinterlassend, in die Wasserleitung gefahren.

Das im Becken befindliche Wasser lief langsam aus. Eine Untersuchung der Erdleitung des Telegraphen ergab, daß letztere nicht mehr bis in die feuchte Erde drang; daher hatte sich der Blitz einen besseren Leiter gesucht."

Zu III 3. „Alte Blitzableitung nicht, neue Blitzableitung an die Wasserleitung angeschlossen. Die Anschlußleitung der letzteren verläuft sich unter dem

Fußboden in der Küche. Zwischen beiden Blitzableitungen stellt ein eisernes Dachgitter und die Zinkeinfassung des Holzcementdaches eine zufällige Verbindung her. Blitzschlag in die alte Leitung. Keinerlei Zerstörung. In der Küche fielen die Mädchen zur Erde. Ob vom Schreck bleibt zweifelhaft."

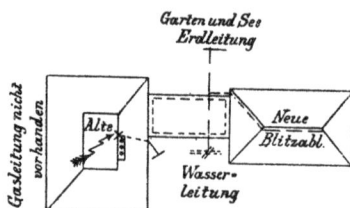

Zu **III 4.** „Blitzableitung an die Gasleitung angeschlossen. Wasserleitung nicht vorhanden. Nur die Blitzableiterspitze angeschmolzen.

Vor dem Gasanschluß ist die Blitzableitung mit einer ½ qm großen ebenen, kupfernen Erdleitungsplatte 3 m unter der Bodenoberfläche (wohl nicht im Grundwasser) versehen."

Zu **III 5.** „Blitzableitung an die Gas- und Wasserleitung und an die innere Säulen- und Trägerconstruction angeschlossen. Vom Anstaltsgebäude zum Pförtnerhaus führt die Leitung eines Fernsprechers. Schmelzung der

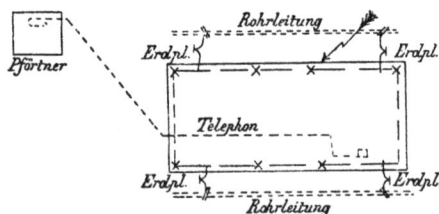

Blitzableiterspitze und des Blitzableiters im Fernsprecher, Lichterscheinungen in der Portierstube, desgl. in dem Saale des Anstaltsgebäudes, welcher zwischen zwei mit der Blitzableitung verbundenen Decken- bezw. Fußbodenconstructionen liegt. Hier fielen ein Paar Frauen von den Stühlen und eine in Ohnmacht. Sonst keine Spur von Beschädigungen. Die Blitzableitungen sollen schon oft vom Blitz getroffen worden sein. Das Gebäude liegt außerhalb der Stadt auf einer beträchtlichen Anhöhe."

Zu **III 6.** „Der Blitz schlug in den Blitzableiter des Dampfschornsteins des Maschinenhauses, welcher an die Wasserleitung angeschlossen war. Erdplatte nicht vorhanden, Gasleitung nicht vorhanden, Wasserleitung noch nicht im Betrieb, erst theilweise verlegt. Die Leitung am Schornstein wurde stark gerüttelt. Keine Beschädigungen."

Zu **III** 8. „Blitzableitung vorhanden. Wegen des Einspruches der
städtischen Werke jedoch nicht mit der Gas- und Wasserleitung verbunden*).
Zwei sehr starke Erdleitungen in Form von verzinkten eisernen, ca. 30 m tiefen
Röhrbrunnen in nassem Lehmboden und im Grundwasser mit 6—8 Siem.-Einh.
Erdwiderstand. Bei A ist die Blitzableitung auf dem rechten und linken Flügel

Erdleitungsbrunnen

Hof

B   *B*

A   *C*

Hof   - - - - *Zinkrinne bez. Zinkbeschlag*
Nord   —— *Blitzableiter*
zum Erdleitungsbrunnen   ○ *Regenabfallrohr*

Regenabfallrohr

Zink   *Zink*
⅔ *der ganzen Länge*   ⅓ *der ganzen Länge*

im Bodenraum mit den eisernen Röhren der Centralheizung verbunden, bei B
ebenso im Keller. Die Heizung steht mit der Wasserleitung in Verbindung.
Der Blitz traf eine Spitze des um ca. 4 m höheren Mittelbaues, Schmelzung

---

*) Thatsächlich war die Verbindung dennoch vorhanden, wegen des An-
schlusses an die Heizung. Anm. des Herausgebers.

der Spitze, sonst nirgend Spuren einer Schmelz- oder Wärmewirkung. Keine Zerstörungen an den Röhren; dagegen gänzliche Zerstörung der unteren zwei Drittel des Regenabfallrohres bei C. Auf dieser Strecke war das Rohr vollständig zusammengedrückt und zwar abwechselnd von den Seiten, dann wieder von vorn. Das Zusammendrücken geschah mit so großer Kraft, daß eins der eisernen Schellenbänder, mit denen das Rohr am Mauerwerk befestigt war, gesprengt wurde. Dagegen war keine Spur einer Wärmewirkung, Schmelzung, des Auftreffens oder Abspringens des Blitzes aufzufinden. Am oberen Ende ist ein Zweig der Blitzableitung mit dem Regenabfallrohr verbunden; durch die Zink- (Regen-) rinne hat dieser Abzweig jedoch sehr ausgiebige Verbindung mit den beiden Ableitungen des Hofes. Das untere gußeiserne Ende des Regenabfallrohres mündet in Mauerwerk bezw. Thonrohr und hat unmöglich Erdverbindung oder eine andere Verbindung. Es ist daher sehr unwahrscheinlich, daß ein Theil der Entladung durch das Regenabfallrohr abgeflossen ist. Die getroffene Spitze (Schmiedeeisen) ist bis zu einem Durchmesser von 3 mm abgeschmolzen."

Zu IV 4. „Ein merkwürdiger Blitzschlag ereignete sich am 5. Mai 1881 auf der Schiffswerft von Ulrichs zu Vegesack, jetzt der „Bremer Schiffbaugesellschaft" gehörig. Unter Führung des Geschäftsführers der Werft, Herrn Schipper, habe ich diesen Fall zwei Tage später untersucht. Die ausgedehnten Fabrikräume stehen am abfallenden Ufer, 80 m von der Weser entfernt. Auf dem hohen Fabrikschornstein stand ein 1½ m langer Blitzableiter mit vergoldeter Kupferspitze. Eine fast 30 m lange, runde eiserne Leitung von etwa 14 mm Durchmesser führte in der Nähe des Kesselhauses in die Erde, wo sie ohne Erdplatte in 85 cm Tiefe endete.

Das Eisen der Leitung war aus verschiedenen Stücken zusammengesetzt, von denen jedesmal das obere hakenförmige Ende ohne ausgiebige metallische Verbindung in eine Oese des vorhergehenden Stückes nur eingehakt war. Das kurz vor 4 Uhr Nachmittags bei nordwestlichem Winde auftretende Gewitter bestand nur aus drei, in kurzen Zwischenräumen aufeinander folgenden Blitzen, deren jeder von auffallend starkem, langhin rollendem Donner begleitet war. Kurz vor dem ersten Blitz fiel bei theilweise noch hellem Himmel ein feiner Regen, der nach dem Blitze jedoch heftig einsetzte. Der erste Blitz ging am Blitzableiter des Schornsteins herunter, zerbrach etwa 5 m über dem Erdboden die eiserne Leitungsstange, durchschlug das Zinkdach und zwei eiserne Träger und vertheilte sich in den Fabrikräumen, wo man schwere Eisenplatten fußhoch in die Höhe fliegen sah. Der eine Strahl durchlief das Maschinenhaus und traf vor demselben fünf Arbeiter, welche an der Punzmaschine das zum Bau eiserner Schiffe dienende mächtige Bulbeisen gemeinsam angefaßt hatten, um es zu durchlochen. Sämmtliche Männer stürzten nieder, von denen der zuerst getroffene Pippig, ein kräftiger Mann, sofort todt war. Der Zweite neben ihm, welcher an den Oberschenkeln Blutunterlaufungen hatte, wo der Blitz vom

Eisen übergesprungen war, war gelähmt und einige Zeit arbeitsunfähig, während die drei letzten Arbeiter sich rascher erholten. Ein zweiter Blitzstrahl folgte den elektrischen Glockenleitungen nach dem 5 m entfernten Kontor und Wohnhause, wo er den Drücker der Leitung zerstörte und letztere bloslegte, indem er in die Wände 2—3 cm große Löcher schlug. Bevor er in den Schornstein verschwand, brach er in die Mauer ein 150 qcm großes Loch und hinterließ in dem oberen Stock, wohin auch die elektrische Leitung führte, allerlei Spuren. Ein dritter Strahl desselben Blitzes wandte sich nach der entgegengesetzten Richtung zum Kesselhause, trieb aus dem einen Dampfkessel das Feuer weit heraus und betäubte den Heizer. Vom Kessel ging der Blitz als kopfgroße feurige Kugel in etwa 1 m Höhe um die Ecke biegend „langsam" am Portierhause vorbei über die Straße und gelangte längs des Eisenlagers nach dem 100 m entfernten Fabrikgebäude, wo die Werkstätten der Tischler und Blockmacher sich befinden. Hier drückte er nur einige Dachpfannen weg und verschwand beim Kesselhause. Außer dem Portier und zwei Arbeitern, die im Portierhause anwesend waren, bezeugten mehrere andere auf der Werft beschäftigte Personen übereinstimmend das nahe Vorbeiziehen dieses merkwürdigen Kugelblitzes, der etwa die Geschwindigkeit eines Fußgängers besaß.

Der Schaden entstand durch den ungenügenden Blitzableiter, dessen Theile stark angerostet waren, und der in der Nähe des Kessels ohne Erdplatte im trockenen Boden endete. Der in meinem Besitz befindliche Kupferkonus der Auffangestange ist fast rechtwinklig umgebogen, aufgerissen und geschwärzt."

Zu IV 5. „In der Umgebung der Ansgariikirche hatten verschiedene Beobachter den Blitz als eine große, blendend weiße Kugel wahrgenommen; anderen Personen kam es vor, als ob die Straße mit einer zuckenden Flamme erfüllt sei. Weiter entfernt wollte man einen breiten Zickzackstreifen gesehen haben, der in's nächste Gebäude einzuschlagen schien. Der Blitz wurde von dem an der Thurmmauer herunter geführten Blitzableiter aufgefangen. Da dieser aber in etwa 26 m Höhe über dem Erdboden zwei scharfe Biegungen machte, um das Dach des der Kirche angebauten Hauses zu umgehen, spaltete sich der elektrische Strahl hier in zwei Theile. Der Hauptstrahl fuhr an dem kupfernen Ableiter herunter und schmolz an der einen Kante 1 bis 1½ m vom Erdboden das Kupfer. Weiter oben an der Trennungsstelle des Strahles ließ sich noch eine größere Schmelzstelle von 12 cm an der Kante erkennen. Der zweite Strahl verfolgte die Spur des früheren Blitzableiters, der fast senkrecht herabführte, und von dem noch jetzt die zahlreichen starken Nägel in der Mauer vorhanden sind. Gleich unterhalb der Theilungsstelle zertrümmerte dieser schwächere Strahl das vorspringende Gesimse aus Sandstein und höhlte den nächsten in der Mauer liegenden Quaderstein aus. Die Trümmer beider aus Portasandstein bestehenden Mauertheile von Nuß- bis Faustgröße wurden auf das Dach eines an der anderen Seite der Langwendlerstraße stehenden zweistöckigen Hauses geschleudert, wo sie noch Blumentöpfe durchlöcherten.

Beim Fortschreiten erreichte der Strahl die im Hause des Kirchendieners be-
festigte Dachrinne, um an derselben herabzufahren. Diese mündete an der
vorderen Ecke des Hauses in den Straßenkanal mit einer zweiten Rinne, die
das Regenwasser des Vordergiebels abführte. Die unteren Mündungen beider
Rinnen waren in einer Länge von 35 cm völlig zusammengedrückt und
weiter hinauf an den mit dem Mauerwerk verbundenen Stellen vielfach durch-
löchert."

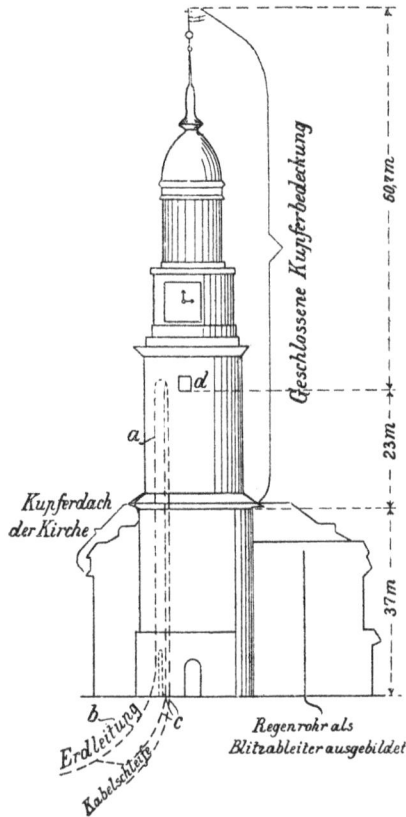

Zu **IV** 6. *k* ist die Kabelschleife für den Feuer-Telegraphen (Eisendraht-
Armirung); die Erdleitung des Feuer-Telegraphen ist an die Eisenhülle des
Kabels angeschlossen; bis *n* reichte die Kupferbedeckung des Thurmes von oben her.

D ist ein Holzkasten, innerhalb desselben sich beide Kabel *k*, die Erdleitung *g* und das alte Eisenrohr *s* befanden.

Die Wand des Eisenrohres, sowie die Eisenhülle des Kabels sind durch-
geschmolzen, bezw. an mehreren Stellen (c) angeschmolzen. Der Holzkasten hat
gebrannt.

Bei f ist der Sitz des Feuerwächters. Der Spitzenblitzableiter des Melde-
apparates hatte stark gelitten; die Spitzen waren zum Theil abgeschmolzen.

Bei b ist die Erdleitung durchschmolzen, bei a gleichfalls; hier ist die
Guttapercha-Isolirung auf lange Strecke zerstört.

E ist kupfernes Dach der Kirche; r kupfernes Regenrohr (solcher sind 9
vorhanden). e sind an die Regenrohre angelöthete Kupferstreifen (5 m lang),

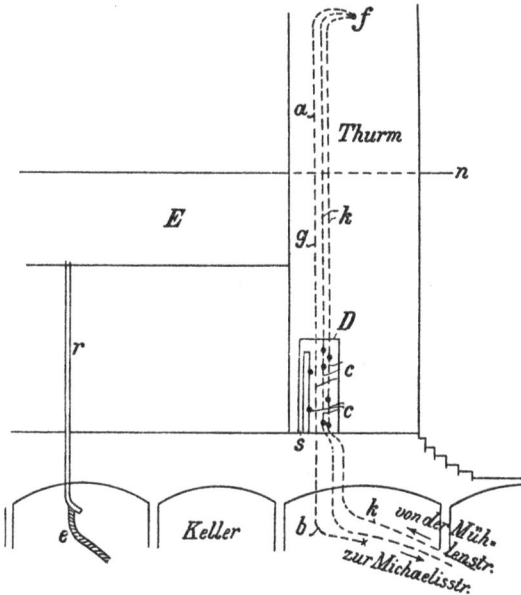

welche als Erdleitung dienen sollten, aber das Grundwasser nicht erreichten.
Der Thurm hatte noch einen besonderen Blitzableiter.

„Um zunächst über das thatsächlich Geschehene zu berichten, so ist fest-
gestellt worden, daß in der That eine nicht unbedeutende Blitzwirkung im
Innern des Thurmes stattgefunden hat. Ihre Gefährlichkeit zeigte sich in
dem Durchschmelzen eines starken, reichlich 3 m langen Eisenrohres, welches
von früherer Zeit her unbenutzt an der Wand der Thurmdiele befestigt war,
ferner in dem an zwei Stellen erfolgten Wegschmelzen der Eisenumhüllung des
zu dem Feuerwächter des Thurmes hinauf- und wieder zurückführenden Feuer-
telegraphenkabels, sowie in der Beschädigung des Telegraphenblitzableiters und
dem Durchschmelzen des Erdleitungsdrahtes derselben. Die starke Hitzentwicke-

lung, welche mit diesen Wirkungen verbunden war, hat dann weiter zur Entzündung der isolirenden Kabelumhüllung, sowie zur Anbrennung und ober-
flächlichen Verkohlung eines die Kabel und das erwähnte Eisenrohr gemeinsam
umgebenden hölzernen Schutzkastens geführt, von wo aus die Uebertragung der
Entzündung auf das unmittelbar benachbarte Holzwerk der Thurmtreppe 2c.
allerdings leicht möglich gewesen wäre. Glücklicherweise hat die geringe
Brennbarkeit der Kabelumhüllung, sowie die durch die nasse Witterung der
vorhergehenden Tage herbeigeführte Feuchtigkeit des Holzes ein freiwilliges Er-
löschen der, wie erkennbar, bereits kräftig begonnenen Entzündung bewirkt, so
daß kein größerer Schaden entstanden ist. In der Nähe einiger zur Befestigung
der Kabel dienenden Wandhaken sind schwächere Wirkungen der Entladung
wahrnehmbar. Irgend welche weiteren Blitzwirkungen haben nicht stattgefunden; insbesondere ist außen weder an der Kirche noch an dem Thurme
irgend eine Blitzspur wahrgenommen worden.

Die Michaeliskirche besitzt eine Metallhülle von vollkommenster Dichtig-
keit. Der Thurm ist von der Wetterfahne bis zum Kirchendache und ebenso
dieses selbst mit einer Kupferblechbedeckung versehen, aus welcher nur eine An-
zahl kleinster Fensteröffnungen ausgespart sind; diese Kupferhülle umschließt
auch das 60 m hoch über dem Erdboden gelegene Zimmer des Feuerwächters
mit seinen Apparaten und reicht noch 23 m unterhalb desselben hinab. Es
erscheint daher von vornherein als völlig ausgeschlossen, daß ein Blitzstrahl in
das Innere des Thurmes habe eindringen und die erwähnten Beschädigungen
des Apparates habe bewirken können. In der That hat die sorgfältigste
Untersuchung dort keine Spur einer Blitzbahn erkennen lassen; auch der an-
wesende Wächter hat, wie erwähnt, zwar die gewöhnlichen elektrischen Anzeigen
seines Instrumentes, aber keinen Blitz bemerkt. Auch in dem unteren, nicht
mehr mit Kupfer bedeckten Theile des Thurmes ist weder außen eine Blitzwirkung wahrzunehmen, noch im Innern irgend eine Spur zu sehen, welche
das Eindringen eines Blitzes bis zu den Stellen, wo die erwähnten elektrischen
Einwirkungen auf die Kabel u. s. w. sich zeigen, erkennen ließe.

Es stellte sich heraus, daß in der Gegend der Thurmdiele die Eisen-
umwickelung der Kabel in Folge einer früheren Reparatur an zwei Stellen
fehlte, so daß derjenige Theil der Entladung, welcher oberhalb dieser Stellen
überging, keinen direkten metallischen Weg zur Erde hatte, wohl aber durch
Abspringen auf den benachbarten Erdleitungsdraht, der in der Erde mit der
Eisenhülle des Kabels verbunden war, einen solchen leicht erreichen konnte "

In Betreff des Blitzableiters führt Prof. Voller noch an:

„Es wurde eine elektrisch gut leitende Verbindung des Kupferdaches der
Kirche mit dem Erdboden dadurch hergestellt, daß sämmtliche von dem Dache
herabkommenden kupfernen Regenrinnen vermittelst starker Kupferblechstreifen,
welche in beträchtlicher Länge in die Erde eingegraben wurden, mit dieser verbunden wurden; außerdem wurde an der Thurmseite noch eine besondere Blitz-

ableitung aus Kupferblech hergestellt. Obgleich sich nun bei der jetzigen Untersuchung herausgestellt hat, daß diese Kupferleitungen in Folge der hohen Lage
der Kirche keineswegs bis zu den stets genügend leitenden Erdbodenschichten
d. h. bis zum Grundwasser hinabreichen, so sind sie doch wahrscheinlich früher
ausreichend gewesen, jeder etwaigen Blitzgefahr vorzubeugen." Es wird dann
darauf hingewiesen, daß das System der leitenden Wasser- und Gasröhren der
elektrischen Anlagen jetzt die Blitzgefahr vermehrt.

Zu IV 8. „Nach dem Berichte eines Augenzeugen, des Herrn N. Schom-
burg hier, schlug der Blitz vor Jahren in das Lagerhaus der damals in Rönne-
beck nahe an der Weser gelegenen Eisengießerei von Frerichs. Das Meteor
sprang in 2½ m Höhe über dem Erdboden von dem Blitzableiter ab und
durchbohrte die massive Wand, um zu den aufgestapelten Eisenmassen im
Innern zu gelangen. Die gegen die Wand gerichteten Bündel Stabeisen
wurden auseinandergerissen und umhergeworfen; einzelne Stäbe waren jedoch
angeschmolzen und fanden sich so vereinigt."

Zu V 1. „Gasleitung im Gebäude, Wasserleitung in der Nähe desselben.
Der Anschluß der Blitzableitung mußte auf Einspruch der Gaswerke unter-
bleiben. Es wurde deshalb eine sehr starke Erdleitung gelegt, nämlich rund
um die Kirche eine Ringleitung 1—1½ m tief unter dem Erdboden, an welche
drei ca. 9 m tiefe, 114 mm starke verzinkte, eiserne Erdleitungsbrunnen angeschlossen wurden.

An den Kreuzungspunkten wurden die Gasrohre mit einem besonderen
eisernen Schutzgitter umgeben, welches nicht mit der Blitzableitung, jedoch mit
den Rohren in innige metallische Verbindung gebracht wurde. Der Blitz ging
bestimmt nicht auf die inneren Gasleitungen über. Ob in der Erde ein Ueberspringen stattgefunden hat, ließ sich nicht ermitteln."

Zu V 2. Fig. 1 Plan. Fig. 2 Rückwand des Seitenflügels vom Hofe
aus. Fig. 3 Rückwand des Hauptgebäudes a vom Hofe aus. Fig. 4 Giebel
des Hauptgebäudes a vom Bache aus.

„Der Blitz schlug, trotz des Blitzableiters auf dem Gebäude, durch die
massive Giebelwand des Gebäudes a bei g, drang durch den Fußboden in
die Wohnräume, ging an den Rohrdecken des 1. Stockes, Nägeln der Bilder,
nach Durchschlagung der Scheidewände über den in den Betten liegenden
Personen weg, theilte sich nach der Beschädigung. Ein Theil desselben
schlug durch die Umfassungsmauer von a bei h in's Freie, sprang auf die Zink-
verkleidung des Kellereingangdaches d, von da sprang derselbe an die Hausecke,
nahm den Putz der Gebäudeecke mit, auf den Gartenzaun i, wo die Spur
aufhört. Der andere Blitztheil durchschlug nach Beschädigung der Stubendecken
die Umfassungswand des Gebäudes im ersten Stock bei k in der Nähe der
metallenen Dachrinne, sprang auf diese über, sprang bei f ab und durchschlug
die Umfassungswand des Parterre, in etwa 2 m von der Erde, drang in den
dort befindlichen Kuhstall, erschlug 3 Mastkühe im Werthe von 800—900 Mk.

und durchschlug wieder die Umfassungswand bei *m*, wo er die Ziegel lockerte und ½ qm Putz abschlug in der Höhe von 1 m von der Erde und verschwand.

Die Durchschlagungen bei *g*, *h*, *l* sind, als wenn sie mit der Kugel durchschossen wären und wenig Putz abgebröckelt und sind ungefähr 1½ cm groß. Das Gebäude *a* ist ungefähr 15—18 m lang und hat auf der Mitte einen Blitzableiter, Auffangestange etwa 4—5 m hoch auf hölzernem Postament und eine Kupferseilleitung von etwa höchstens 5—7 mm Stärke. Ob derselbe eine Erdplatte hat, weiß ich nicht, oder von was sie ist, ebenfalls nicht. Das

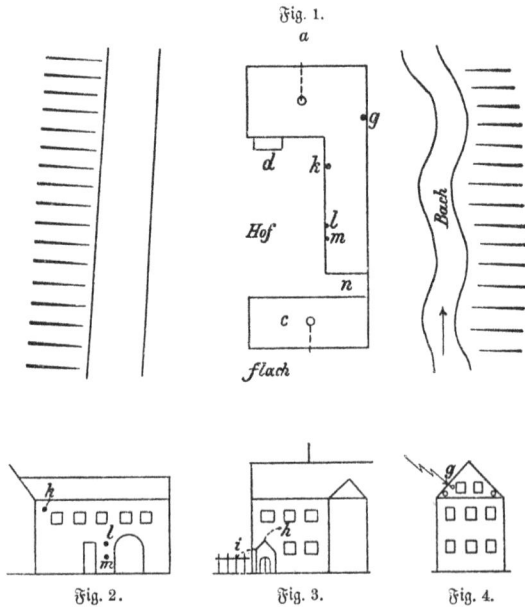

Fig. 1.

Fig. 2.   Fig. 3.   Fig. 4.

Seitengebäude hat keinen Blitzableiter, ist ungefähr 1½ m niedriger als das Wohnhaus *a*. Die Scheuer *c* ist von dem Seitengebäude durch einen Weg bei *n* von etwa 4—5 m Breite getrennt und so hoch und lang als das Wohngebäude. Sie hat in der Mitte eine Blitzableiter-Fangstange von 5 m Höhe aus Gasrohr mit Ableitung von 5—7 mm starkem Kupferseil. Ob Erdplatte vorhanden, ist mir nicht bekannt."

Zu V 3. „Kirche liegt 7 m über Grundwasser auf lehmigem Sand, welcher 14 % Wasser enthält, unter dieser Schicht liegt eine Schicht von 4 m, welche gut leitendes Wasser enthält. Unter der Wasserschicht liegt undurchlassende Thonschicht von 1 m Stärke, darauf folgt mindestens 10 m trockene

Sandschicht, welche unten wieder Wasser enthält. Die ganze Umgebung liegt trocken einige Kilometer von einer bedeutenden Sumpffläche, in welcher man vor Kurzem das Grundwasser senkte, worauf Blitzschläge in der Umgegend häufig auftraten. Thurm ist 39 m hoch und bestand der Helm aus Holzbau mit theilweiser Schindel-, theilweiser Schieferbedachung. Es regnete stark, als ein entsetzlicher Knall erfolgte, nach diesem zeigte sich, daß die meisten Ziegel der Kirche an der Seite nach dem Thurme, sowie alle Schiefer vom Thurme auseinandergeschleudert waren. Zwei Grade des Thurmhelmes, sowie ein bedeutender Posten Schalbretter waren zerrissen und zum Theil fortgeschleudert. Gewölbe und Pfeiler der Kirche zeigten bedeutende Risse. Einige Zeit nachher zeigte sich, daß oben das Holzwerk gezündet hatte, welches jedoch bald gelöscht wurde. Die Zündung war da, wo die Eisentheile der Helmstange aufhörten."

Zu V 7. Gebäude mit den Maschinentheilen. *a* Fangspitze auf 12 m hoher Stange. *b* Fundamente von Maschinen. *c* Blitzschlag.

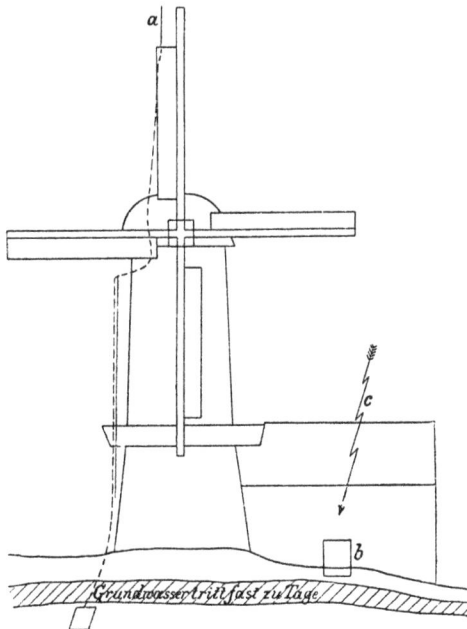

Schlußfolgerungen.

Von den 128 Fällen, welche in den vorstehenden Tabellen auf=
geführt sind, kommen für die Frage des Anschlusses der Gas= und
Wasserleitungen direkt in Betracht die 112 Fälle der drei ersten
Tabellen. Hiervon bilden 108 Blitzschläge der beiden ersten Klassen,
bei welchen mehr oder weniger große Beschädigungen durch direkten
Einschlag oder Uebergang des Blitzes in die Gas= oder Wasserleitung
angerichtet sind, eine stattliche, nicht zu übersehende Zahl, welche be=
weist, daß die Einwirkung des genannten Leitungsnetzes nicht so
verschwindend ist, wie es von Gas= und Wasserfachmännern behauptet
wird. Noch zwingender erscheint dieser Schluß, wenn man erwägt,
daß die angeführten Fälle nur einen kleinen Bruchtheil derjenigen hier=
hin gehörigen Blitzschläge darstellen können, welche thatsächlich erfolgt
sind. Denn zunächst rührt das gesammelte Material fast nur aus
deutschen Gegenden her. Vor Allem zeigt der Vergleich der auf
gleiche Zeiträume entfallenden Blitzschläge, daß jedenfalls bis zu den
letzten Jahren auch für Deutschland die Zahl der bekannt gewordenen
Fälle nur einen kleinen Bruchtheil der thatsächlich hierher gehörigen
darstellt. Erst neuerdings hat man der vorliegenden Frage erhöhte
Aufmerksamkeit geschenkt und daher auch aus der neuesten Zeit die
meisten Fälle.

Es entfallen auf die Jahre	Tab. I	Tab. II	Tab. III	Tab. IV	
1859	2	2	—		
1860—1864	2	6			
1865—1869	2	1			
1870—1874	4	3			
1875—1879	3	2	2	—1879	1
1880—1884	8	5	—		4
1884—1889	33	18	5		1
1890	2	2	1		
Unbestimmt	8	2	1		2.

Die Steigerung in diesen Zahlen spricht klar genug für das vorher Gesagte.

Die angebliche Geringfügigkeit der Gefahr, welche durch das Netz der Gas= und Wasserleitungsrohre den Gebäuden erwüchsen, rührt nach Angaben von Gas= und Wasserfachmännern davon her, daß die Masse des zu jenem verwandten Metalles nur klein ist gegenüber den anderen bei der Konstruktion der Gebäude verwandten Metallmengen. Es erhält dieser Beweisgrund eine treffende Be=leuchtung durch die Gegenüberstellung der Fälle Klasse II mit denen der Klasse IV. Wenn es so wäre, wie vorher angegeben, so müßten sich in Klasse IV bedeutend mehr einschlägige Fälle vorfinden, wie in Klasse II. Die Vergleichung zeigt, wie es sich in Wirklich=keit verhält. Es kommt eben nicht auf die Masse des verwandten Metalles, sondern auf die Erstreckung und die Verbindungsstellen mit der Erde an. Auch die 'einzelnen Fälle lehren dasselbe; beson=ders hervorzuheben ist in dieser Hinsicht der bekannte Blitzschlag in der Nähe des Gerichtshauses in York (13 Tab. I). Die getroffene Straßenlaterne war an einem Hause angebracht, wenige Meter von dem benachbarten großen, hohen Gerichtshause, das sehr große Me=tallmassen enthielt. Trotzdem daß diese Laterne also im Schutzkreise dieses Hauses stand, wurde sie vom Blitze bevorzugt.

Muß man den angeführten statistischen Fällen nun entnehmen, daß in der That die Einführung der ihre Fangarme für elektrische Entladungen weithin erstreckenden Gas= und Wasserrohre in die Ge=bäude eine Vermehrung der Blitzgefahr für letztere mit sich bringt, entweder dadurch, daß die Rohre direkt die ganze Entladung der in der Atmosphäre aufgesammelten Elektricität auf sich ziehen oder daß sie einen Theil der Entladung von dem unschädlichen Weg an dem Blitzableiter entlang ablenken, so giebt die Gegenüberstellung der Tabellen I und II mit der Tabelle III das Mittel an, wie sich dieser Gefahr vorbeugen läßt; sie bestätigt so vollkommen, wie es nur gewünscht werden kann, die Nothwendigkeit der vom physikalischen Standpunkte aus geforderten Verbindung des genannten Rohrnetzes mit dem Blitzableiter.

Es sind in dem ganzen Zeitraume nur 8 Fälle bemerkt worden,

bei welchen der Blitz eine mit der Gas= oder Wasserleitung in Ver=
bindung stehende Blitzableiterleitung getroffen hat, während wohl
in der weitaus überwiegenden Zahl die wirklich eingetretenen und
hierhin gehörigen Blitzschläge ganz spurlos vorübergegangen sind.
Diese 8 Fälle bestätigen aber auch nur die Zweckmäßigkeit des An=
schlusses, weil sie verlaufen sind, ohne daß die betreffenden Gebäude
irgend welchen Schaden genommen haben.   Auch die Rohrleitungen
selbst sind völlig unversehrt geblieben, bis auf den Fall 7 Tab. III.
Hier trat die Verletzung nur deßwegen ein, weil nicht beide Arten von
Leitungen angeschlossen waren, was vom physikalischen Standpunkte
aus stets gefordert ist, namentlich wenn die Leitungsrohre der beiden
Systeme einander so nahe kommen, wie es in dem betreffenden Falle
geschah.

Die Gefahr, welche ein Nichtanschluß mit sich bringt, äußert
sich auch in der verhältnißmäßig großen Zahl der Fälle des Ab=
sprunges von dem Blitzableiter zu den Rohren der Gas= und
Wasserleitungen (Tab. II).   Die Größe dieser Zahl fällt auf, wenn
man die Gesammtzahl der in Klasse I enthaltenen Blitzschläge mit
der von Klasse II vergleicht.   Würde die Wirksamkeit des Blitzableiters
durch das Vorhandensein der genannten Rohre nicht beeinflußt, so wäre
kaum ein Fall des Abspringens zu erwarten, jedenfalls müßte ein Ueber=
gang zur Gas= und Wasserleitung beim Vorhandensein eines Blitz=
ableiters weit seltener sein als außerdem.   Es stehen aber 63 Fällen
der Klasse I 41 Fälle der Klasse II, also durchaus vergleichbare
Zahlen gegenüber.   Der Grund zu diesem Verhältniß ist nicht etwa
in der schlechten Beschaffenheit der Blitzableiter zu suchen.   Allerdings
ist bei einigen (5) Fällen eine Unordnung am Blitzableiter nach=
gewiesen; in einer größeren Zahl (8) war der Blitzableiter aber
abgesehen von dem Fehlen des Anschlusses in Ordnung.   In 28
Fällen bleibt diese Frage ungewiß, so daß mit gleichem Recht das
Eine wie das Andere angenommen werden kann.   Jedenfalls zeigen
die Fälle, in denen am Blitzableiter selbst nichts auszusetzen war,
daß der Nutzen, den anerkannter Weise ein Blitzableiter bietet, durch
die in dem Gebäude sich erstreckenden Rohrleitungen bei mangelndem
Anschluß zum großen Theil wieder illusorisch gemacht wird.   Wie

stark die ableitende Kraft der Gas= oder Wasserrohre auf den Ver=
lauf des durch den Blitzableiter niedergeführten Schlages ist, dafür
spricht u. A. der Fall 29 Tab. II. Obwohl der Blitzableiter in
Ordnung war und das Wasserreservoir unter dem Schutze des metal=
lenen Daches lag, ging dennoch die Entladung zu dem Reservoir
über. Dieses lehrt, daß trotz des Schutzes, welchen eine solche
metallische Hülle in gewissem Maaße stets gewährt, in dem sie die
elektrostatischen Ladungen der von derselben bedeckten Gegenstände
bedeutend herabsetzt, hierdurch die Gefahr des Uebersprunges doch
nicht vollständig beseitigt ist.

Von welcher Seite man die verschiedenen Fälle, welche bis
jetzt zur Kenntniß gekommen sind, auch ansehen mag, dieselben
sprechen alle unbedingt für die Nothwendigkeit und Zweckmäßigkeit
des Anschlusses, letzteres nicht allein in Bezug auf die Gebäude,
sondern auch in Bezug auf die Rohrleitungen selbst, welchen beim
Fehlen des Anschlusses erhebliche Gefahren drohen (9 Fälle Tab. II,
abgesehen von denen, wo Brand oder Explosion eingetreten ist).
Der Hofer Fall (34 Tab. II) wird vielleicht von den Gegnern des
Anschlusses als Grund gegen den letzteren aufgegriffen werden, weil
hier bei metallischer Dichtung eine Lockerung der Muffenverbindung
eingetreten ist. Es würde das aber mit Unrecht geschehen, denn
erstens fehlte der Anschluß, bei dessen Vorhandensein der Verlauf
der Spannungen ein ganz anderer gewesen und die Lockerung gar
nicht eingetreten wäre, wie ja in den 8 Fällen der Klasse III nichts
derartiges beobachtet ist. Was wiegt zweitens diese Gefahr eines
Lockerwerdens gegenüber den anderen Gefahren für Leben und Eigen=
thum, welche ein Nichtanschluß mit sich bringt!

Die Schäden, welche durch Fehlen des Anschlusses hervorge=
rufen sind, entsprechen im Allgemeinen denjenigen, welche in den
Fällen der Klasse I erfolgten. In der großen Mehrzahl treten nur
mechanische Wirkungen auf; Brandschaden wurde aber doch in
10 Fällen unter 63 der ersten Klasse und in 8 Fällen unter
41 Fällen der zweiten Klasse verursacht. Verluste an Menschenleben
sind nicht zu beklagen gewesen; daß sie aber stets drohen, dafür
sprechen Fall 48 Tab. I und Fall 4 Tab. IV.

Es ist wiederholt die Frage aufgeworfen worden, ob die beiden Arten von Rohrsystemen gleiche Gefahren bieten. Einer der Einsender von Berichten, Hr. Ulfert, Blitzableiterfabrikant in Berlin, spricht als Inhalt seiner Erfahrungen aus, daß in Häusern mit Gas- und Wasserleitung fast ausnahmslos die Gasleitung bei der Entladung bevorzugt wird und hält als Grund hierfür den Umstand, daß die Gaszuleitungsrohre näher der Erdoberfläche liegen wie die Wasserleitungsrohre. Die Entladung habe aber das Bestreben, möglichst an der Oberfläche der Erde zu verlaufen. Leider geben die thatsächlichen Angaben bei den einzelnen Fällen in Bezug auf diesen Punkt keinen hinreichenden Anhalt, weil über das gleichzeitige Vorhandensein von Gas- und Wasserleitungsrohren nur ausnahmsweise etwas angegeben ist. Beide Leitungen waren vorhanden Tab. I Nr. 14 (Blitz zuerst in Wasserleitung, dann zur Gasleitung), Nr. 38 (Gasleitung), 46, 47, 53 (beide Leitungen getroffen), Tab. II Nr. 33 (Gasleitung), 39 (beide Leitungen). Aus diesen Fällen ist also nichts zu entnehmen. Von den übrigen Fällen sind in 28 Fällen der Klasse I, 26 Fällen Klasse II und Gasleitung, in 17 Fällen Klasse I, 12 Fällen Klasse II und Wasserleitung als getroffene Objekte angegeben. (Die 11 Fälle 24—35 Tab. I sind nicht berücksichtigt, weil bestimmte Angaben hierfür nicht vorlagen.) Es kommt in diesen Zahlen allerdings ein bedeutendes Ueberwiegen der Gasleitungen zum Ausdruck, doch dürfte aus ihnen doch kein sicherer Schluß gezogen werden können, da wohl anzunehmen ist, daß Gasleitungen überhaupt verbreiteter wie Wasserleitungen sind. Sollten aber thatsächlich die Gasleitungen gefährdeter erscheinen, so ist in der größeren Verzweigung derselben ein hinreichender Grund hierfür zu finden.

Neben dem statistischen Beweise für die Nothwendigkeit des Anschlusses geben die Fälle der vorstehenden Zusammenstellung weitere beachtenswerthe Lehren.

Der Anschluß muß, im Allgemeinen wie schon erwähnt, an beide Arten der fraglichen Leitungen (Gas- und Wasserleitung) geschehen (Fall 7 Tab. III).

Daß die Konstruktion des Blitzableiters nach der Regel des Schutzkreises nicht unbedingte Sicherheit gewährt, zeigen der schon erwähnte Fall 13 Tab. I und Fall 7 Tab. V. (Bei Fall 2 Tab. V liegt die vom Blitze getroffene Stelle anscheinend nicht in dem Schutzkreise des Blitzableiters.)

Eine sehr wichtige Lehre erhält man in Bezug auf den Schutz, welchen metallische Umhüllungen gewähren. Es wurde oben schon gelegentlich hervorgehoben, daß solche Umhüllungen die bedeckten Gegenstände vor elektrostatischen Ladungen wenigstens zum Theil schützen; auf Grund hiervon ist die Ansicht verbreitet, daß die von metallischen Decken bedeckten Gegenstände, auch wenn sie unbedeckt einen guten Angriffspunkt für den Blitz liefern, nicht mit dem Blitzableiter verbunden zu werden brauchen. Daß diese Folgerung nicht zutreffend ist, dafür sprechen mehrere Beispiele. Hierhin gehören Fall 29 und 31 aus Tab. II, 4 und 6 aus Tab. IV. Besonders bemerkenswerth erscheint von diesen Fällen der letzte, weil die bei diesem getroffene Kirche von einem weit hinunter reichenden, von allen Seiten umschließenden, zusammenhängenden, metallenen Dache überdeckt war und trotzdem dem Innern der Kirche Schaden bringende Entladungen eingetreten sind. Ein direkter Uebergang von dem Blitzableiter (bezüglich des einen Theil desselben bildenden Metalldaches) zu den beschädigten Stellen des Kabeldrahtes (bezüglich des Eisenrohres) ist nach der sorgfältigen Untersuchung von Hr. Voller ausgeschlossen. Spuren eines Ueberganges haben sich nicht gefunden; auch der in der Nähe des beschädigten Telegraphenblitzableiters befindliche Feuerwächter hat von einem solchen Uebergange, der sich nach den vielen anderen mitgetheilten Fällen jedenfalls als starke Lichterscheinung und subjektive Empfindung hätte zeigen müssen, nichts bemerkt. Es bleiben daher zur Erklärung des Vorganges nur zwei Möglichkeiten. Entweder liegt, wie Herr Voller annimmt, ein sogenannter Rückschlag vor, bei welchem die in den Erdboden abgestoßene Elektricität, weil sie keine hinreichend rasche Entladung gefunden hat, nach ihrem Freiwerden durch den Eintritt der Entladung der atmosphärischen Elektricität, zum Theil wenigstens eine schnelle Entladung über das mit dem Erdboden in Verbindung stehende Eisenrohr und

die Eisenumhüllung des Kabels zum Erdleitungsdraht des Tele=
graphen suchte. Oder der eigentliche Blitz hat die Kirche gar nicht
getroffen, sondern ist direkt an irgend einer Stelle in das Kabel ge=
fahren und von demselben wie bei jedem Einschlag in eine Tele=
graphenleitung zu dem Telegraphenblitzableiter geleitet, hat aber vor=
her schon Uebergang zu dem benachbarten Erdleitungsdraht und dem
naheliegenden Eisenrohr gesucht. Welches auch der Grund sein mag,
es beweist auch dieser Schlag, wie gefährlich es ist, in der Nähe
solcher Leiter, die der Blitzgefahr ausgesetzt sind, andere Leiter ohne
direkte Verbindung vorbeizuführen. Als ein Fehler bei der Verle=
gung der Erdleitungsdrähte von Telegraphenlinien erscheint es, jene
in der Nähe der Liniendrähte verlaufen zu lassen.

Es verdient ferner Erwähnung die bei dem Fall 4 Tab. IV
beobachtete Umbiegung der getroffenen Spitze. Diese Beobachtung
stimmt mit früheren, so daß die an Blitzableiterspitzen der Oefteren
beobachteten Verbiegungen der Spitze wohl als ein Anzeichen eines
erfolgten Einschlages angesehen werden können.

Sehr auffallend ist die eigenthümliche Zusammendrückung einer
Regenrinne in dem Schlage III 8. Der Umstand, daß das betreffende
Rohr abwechselnd von den Seiten und von vorne bez. hinten zu=
sammengedrückt ist, weist darauf hin, daß eine Verdrehung der ganzen
Röhre stattgefunden hat. Der Berichterstatter sucht die Erklärung
der Erscheinung in der Annahme, daß an dem oberen Ende des
Rohres das niederströmende Wasser durch irgend eine Kraft festge=
halten, gewissermaßen angesaugt ist, daß aber das in dem unteren
Theile des Rohres sich befindende Wasser weiter herunterstürzte, so
daß sich im Innern des Regenrohres ein luftleerer Raum bilden
mußte. Das Zusammendrücken besorgte dann der äußere Luftdruck.
Daß die Regenrohre ganz mit Wasser und Hagel gefüllt waren, hat
Herr Ulfert selbst beobachtet. Bei dieser Erklärung erscheint schwer
verständlich, woher die an dem oberen Ende des Rohres das Wasser
festhaltende Kraft kommen soll, ferner woher die charakteristische Ver=
drehung des Rohres stammt. Es dürfte wohl anzunehmen sein,
daß ein Theil der Entladung durch das fragliche Regenrohr und
zwar unter Mitbenutzung des strömenden Wassers hindurchgegangen

ist. Hierbei kann sowohl diese Wassermenge nach Planté als auch das Regenrohr in eine wirbelnde Bewegung versetzt werden, die derartige Erscheinungen zur Folge hat.

Kugelblitze finden sich in den beim Unterausschuß eingegangenen Berichten mehrfach erwähnt (37, 45 Tab. I, 4, 8 Tab. IV), besonders beachtenswerth erscheint Fall 45 Tab. I.

Andere Lichterscheinungen zeigten sich in Fall 9, 14, 16 Tab. I, 18, 20, 35, 36, 39, 40 Tab. II, 5 Tab. III. Sie bilden zum großen Theil einen Beleg dafür, daß bei einem Blitzschlage elektrische Spannungen nicht allein in dem etwa vorhandenen Blitzableiter oder der getroffenen Haupteinschlagsstelle auftreten, sondern daß solche Spannungsunterschiede sich über das ganze Gebäude hin ausbreiten und sich namentlich an zusammenhängenden ausgedehnteren Metallmassen vorfinden. Eben dieser Umstand ist der Grund für das gefürchtete Abspringen des Blitzes.

Buchdruckerei von Gustav Schade (Otto Francke) Berlin N.